L'énigme du nénuphar

DU MÊME AUTEUR

Les Enjeux de la protection sociale, *LGDJ Montchrestien, 1994*

L'Affolante Histoire de la vache folle, *en coll., Balland, 1996*

Ces peurs qui nous gouvernent, *Albin Michel, 2002*

Manifeste contre la pauvreté, *en coll. avec Jérôme-Cordelier, Oh ! Éditions, 2004*

La Nouvelle Équation sociale (commission Familles, vulnérabilité, pauvreté), *La Documentation française, 2005*

La Pauvreté en héritage, *en coll. avec Sylvaine Villeneuve, Robert Laffont, 2006*

Code des droits contre l'exclusion, *sous la dir. de Martin Hirsch et Denis Chemla, Dalloz, 2006*

50 droits contre l'exclusion, *avec l'Agence nouvelle des solidarités actives, Dalloz, 2008*

La Chômarde et le haut-commissaire, *avec Gwenn Rosière, Oh ! Éditions, 2008*

50 droits des ados, *en coll. avec Ivana Djordjevic, Dalloz, 2010*

Secrets de fabrication, *Grasset, 2010*

Pour en finir avec les conflits d'intérêts, *Stock, 2010*

Sécu : objectif monde. Le défi universel de la protection sociale, *Stock, 2011*

L'Abbé Pierre. « Mes amis, au secours ! », *avec Laurent Desmard, Découvertes Gallimard, 2012*

La Lettre perdue, *Stock, 2012*

Cela devient cher d'être pauvre, *Stock, 2013*

Qu'est-ce que la gauche ?, *ouvrage collectif, Fayard, 2017*

L'Hôpital à cœur ouvert, *Stock, 2017*

Comment j'ai tué son père, *Stock, 2019*

Martin Hirsch

L'énigme du nénuphar

Face au virus

Stock

Couverture Le Petit Atelier
Photo © Denis Allard/Leextra/Leemage

ISBN 978-2-234-09111-5

In memoriam Henri Guéron,
notre si cher cousin d'Amérique,
he flew the coop,
mort du Covid-19 à New York
le 1er mai 2020

— Ma Chloé… dit Colin. Calme-toi.

— C'est sûr, dit Nicolas. Elle sera guérie très vite.

— Ce nénuphar, dit Colin. Où a-t-elle pu attraper ça ?

— Elle a un nénuphar ? demanda Nicolas, incrédule.

— Dans le poumon droit, dit Colin. Le professeur croyait au début que c'était simplement quelque chose d'animal. Mais c'est ça. On l'a vu sur l'écran. Il est déjà assez grand, mais enfin, on doit pouvoir en venir à bout.

L'Écume des jours, *Boris Vian*

AVANT-PROPOS

Chaque matin, pendant deux mois, depuis le 15 mars, j'ai envoyé un message aux 100 000 personnes qui travaillent à l'Assistance publique-Hôpitaux de Paris (AP-HP). Sans préméditation. Sans intentionnalité particulière. Juste parce que ce week-end de la mi-mars, quand je me suis rendu compte de ce que nous allions traverser, je ne me suis pas senti de garder cela pour moi et de ne pas le partager avec toutes celles et tous ceux qui allaient vivre cette gigantesque crise.

Cela a commencé par un message de fin de soirée. Et cela a continué tous les matins, créant un espace de dialogue qui transcendait les catégories professionnelles et les hiérarchies, qui abolissait les distances et traversait les murs des hôpitaux. Ils étaient nombreux à me répondre. Des réponses qui contenaient des inquiétudes, de la confiance, des suggestions, de la colère, des encouragements, des idées, de la peur, du dévouement, de la générosité.

Toutes les couleurs d'un arc-en-ciel tendu dans la noirceur de la crise.

Chaque soir, pendant deux mois, souvent très tard, j'ai enregistré quelques minutes sur ce téléphone qui ne me quittait jamais et qui sonnait tout le temps, les faits marquants et les impressions du jour.

Ces deux rites ont ponctué une période sans repère temporel. Tout allait si vite qu'on ne savait plus ce qui s'était passé d'un jour à l'autre. La journée n'était rythmée que par les deux réunions de crise intangibles, celle du matin et celle du soir. Tout le reste était totalement déstructuré.

Une journée pouvait filer en une seconde et un mois s'étendre sur un siècle.

Ces messages et ces enregistrements avaient quelque chose de rassurant. Le temps fuyait, irréparable, mais une trace matérielle restait. Je sentais que nous aurions à comprendre et à faire comprendre, à restituer, à rendre des comptes aussi. Tout allait si vite que la mémoire m'aurait trahi. Tout était si crucial que j'aurais eu tendance à reconstruire la chronologie des faits, non pas en fonction de la réalité, mais par une opération mentale où chaque jour pousse à reconsidérer ce qui s'est passé la veille. La douleur d'un moment écrasait les difficultés précédentes. Dans cette période où nous avions deux ennemis – le virus et le temps –, il était important de savoir à quoi nous avions passé nos jours et nos nuits.

Bout à bout, ces messages du matin et ces enregistrements du soir donnent un aperçu, partiel mais fidèle, de ce que nos équipes ont enduré.

Ils sont ici restitués bruts. Sans arrangement. Sans trucage. Sans recul non plus. À chaud. Alors que les braises sont encore rouges, que le feu couve en France et qu'il sévit dans beaucoup de régions de la planète. Avant de terminer les retours d'expérience si nécessaires. Avant que les conclusions des commissions d'enquête viennent nous dire ce que nous aurions pu mieux faire. Avant peut-être de replonger dedans. Au moment où j'écris ces lignes, nous scrutons chaque jour les « indicateurs prédictifs », forgés pendant la première vague, pour pouvoir réagir au plus vite.

Rien n'est édulcoré dans ces enregistrements, déversoirs de l'épuisement du jour.

Le contresens serait de les prendre comme des pièces à conviction pour un procès. Ce sont plutôt des morceaux de convictions, taillés sur le vif, à l'état pur.

Si les pages qui suivent n'engagent que moi, l'engagement, lui, a été collectif.

Un collectif de 100 000 personnes, l'AP-HP. Un collectif qui avait grondé toute l'année, agité par les houles du malaise, des grèves et de la rancœur. Mais un collectif qui dès que le danger était là s'est mobilisé, sans attendre le moindre mot d'ordre. Ils l'ont dit et redit. Ils ne se considèrent pas comme des héros, mais comme des professionnels qui n'ont pas choisi leur métier par hasard. *Héroïsme*, *fierté* ne sont pas des mots qu'ils revendiquent. La revendication, c'est de pouvoir vivre leur vocation sans entrave. C'est ce qu'ils ont vécu pendant cette période, ce à quoi ils aspiraient avant et ce qu'ils espèrent avoir conquis en montrant ce dont ils étaient capables dans les circonstances les plus difficiles. Si nous écrivions un opéra de Verdi, ils en seraient le chœur, celui sans lequel l'œuvre n'existe pas.

Un collectif plus réduit, aussi, de ceux avec lesquels j'ai travaillé quotidiennement pendant toute cette période. Ce sont les personnages principaux de ce récit. J'ai toujours eu la chance de pouvoir travailler avec des équipes de grande qualité, avec des personnes que j'estime et en lesquelles j'ai confiance. On les retrouvera tout au long de ces enregistrements et c'est la meilleure description que l'on puisse faire d'eux, qui n'avaient pas le temps d'aller courir les plateaux, en plantant le décor.

Le siège de l'AP-HP est avenue Victoria, en face de l'hôtel de ville de Paris. Au deuxième étage, il y a le bureau du directeur général. Depuis que je l'occupe, il est particulièrement désordonné. Pendant la crise, il y avait un lit de camp et des plans de bataille qui s'accumulaient partout. Une petite porte donne sur le bureau de la directrice de cabinet, Anne Rubinstein. Anne était là depuis un an. Nous nous connaissions depuis plus longtemps. Elle avait failli me rejoindre dans un poste précédent et cela ne s'était pas fait. Mais nous avions gardé l'envie de travailler ensemble, envie qui s'est concrétisée au printemps 2019. Sa boutade préférée, avant la crise, était : « Tu m'as proposé de venir travailler avec toi, mais tu ne m'avais pas précisé qu'il y avait des hôpitaux, des patients, des maladies, des médecins et qu'on parlait tout le temps de morts, d'accidents et de catastrophes. » Anne s'est trouvée à jouer un rôle clé, à organiser, avec quelques volontaires, le soutien aux troupes. C'est elle qui disait oui chaque fois qu'une proposition d'aide nous arrivait, y compris les plus saugrenues, en trouvant le moyen de la rendre utile à nos équipes et d'organiser l'aide. Ensemble nous avons quand même refusé le soutien de Pornhub, qui pensait que le confinement était une belle opportunité de marché et souhaitait nous faire profiter d'une partie de la manne escomptée.

Une autre porte débouche sur une minisalle de réunion, qui fut le théâtre de nombreuses conférences téléphoniques, et qui sépare mon bureau d'une autre grande pièce, spectaculaire parce que décorée par la gigantesque fresque d'une femme, allégorie de Paris résistant aux Allemands. Pendant certaines périodes, cette fresque a été recouverte d'un voile pudique. De mon temps, elle est toujours restée visible. Elle veille sur trois adjoints qui ont choisi de partager le même espace de travail.

François Crémieux est un directeur d'hôpital dont le profil est atypique. Probablement le plus baroudeur des directeurs d'hôpital. Il a travaillé au Kosovo, en Bosnie-Herzégovine, et fait des missions aux quatre coins du monde. Si « Directeur d'hôpital sans frontière » existait, il en serait le président d'honneur. Il est réputé pour ses idées bouillonnantes et sa capacité à faire dix choses à la fois. Quand il est en retard à une réunion, on s'aperçoit qu'il en a inscrit trois ou quatre simultanément dans son agenda. Celle à laquelle il assiste part sur un ordre du jour et atterrit sur trois autres idées qui lui ont traversé l'esprit et qui s'avèrent astucieuses. Depuis le mois de janvier, il s'est plongé dans la crise Covid et, au sein de l'AP-HP, en est devenu le chef d'orchestre. Lui d'habitude insaisissable était présent sur tous les sujets et travaillait avec une précision de métronome. Tous les soirs, à 17 h 45, il se glissait dans la salle de crise muni d'un feutre et traçait sur une grande feuille de paperboard le plan de bataille, la situation des troupes et des munitions. À 18 heures, quand la réunion commençait, il donnait à tous, avec une clarté époustouflante, l'état des lieux et des forces en présence. Beaucoup d'idées sont venues de lui, beaucoup d'acteurs ont été impliqués dans cette crise grâce à lui. Et quand je ne savais pas quoi faire, c'est vers lui que je me tournais.

Dans le même bureau, Pierre-Emmanuel Lecerf. Pierre-Emmanuel avait travaillé une première fois à l'AP-HP avant que j'y sois nommé directeur général. Les médecins qui l'avaient côtoyé ne tarissaient pas d'éloges sur son compte, ce qui est rare vis-à-vis d'un inspecteur des finances. J'avais essayé de le garder, mais il avait rejoint son deuxième amour après l'hôpital, le cinéma. L'année précédente, j'avais été le chercher à nouveau et il était revenu avec enthousiasme. Pierre-Emmanuel a tenu un rôle majeur dans cette crise : organiser les renforts humains dans un délai record, sous la pression d'un directeur général aux abois. Nous démarrions en sous-effectifs et nous devions trouver des milliers de professionnels. Pierre-Emmanuel s'est attelé à la tâche nuit et jour : on lui doit quelques milliers de recrutements, ceux qui ont fait la différence. Et je lui dois quelques excuses pour la pression insupportable que j'ai mise sur lui !

Le troisième mousquetaire, c'est Jérôme Marchand-Arvier, qui est celui auquel on doit Covidom – le système de suivi à distance des patients à domicile – et Covisan – le programme pour aller casser les chaînes de transmission, y compris en allant au domicile des patients et des « cas contacts ». Capable d'impressionner par son sang-froid et sa méthode, même quand un vent de panique souffle, îlot de calme (apparent) au milieu d'une cocotte-minute en ébullition.

Si on se déplace de quelques mètres, on entre dans la salle de crise « Jean Choussat », du nom d'un de mes prédécesseurs, remise à neuf après la vague d'attentats de 2015 et qui est restée active comme jamais pendant toute cette période. Des téléphones, des systèmes de visioconférence, des écrans avec en permanence le nombre de cas dans le monde et en France. C'est la salle où se tiennent les réunions de crise.

Un personnage clé n'y a pas été souvent physiquement, mais n'a jamais manqué une réunion : le professeur Bruno Riou. Au moment où j'ai déclenché le plan blanc, je me suis rappelé qu'on nommait dans chaque hôpital un directeur médical de crise. Mais, bizarrement, il n'était pas explicitement prévu de le faire au niveau de toute l'AP-HP, qui regroupe une quarantaine d'hôpitaux. Je me suis dit que cela serait bigrement utile et j'ai aussitôt pensé à Bruno Riou. Anesthésiste réanimateur, ancien chef du service des urgences de la Pitié-Salpêtrière, doyen des doyens des facultés de santé de l'Île-de-France, il a l'expérience des crises. Surtout, il a une autorité incontestée, une force de travail considérable et un caractère trempé dans le platine. Sachant tenir tête à tout le monde, il devait être capable de tenir tête au virus. Lorsque je l'ai appelé pour exercer ce rôle que l'on créait, il m'a demandé quelques heures de réflexion. Je lui ai dit que je lui donnais deux heures, mais que s'il déclinait la proposition je ne nommerais personne. Une heure après, il acceptait. Nous nous sommes demandé chaque jour comment nous aurions fait sans lui.

Dans la salle de crise, tous les après-midis, on trouvait deux autres personnages centraux, Antoine Vieillard-Baron et Catherine Paugam, l'un réanimateur, l'autre anesthésiste, dont la feuille de route était simple : ouvrir des lits de réanimation, encore et toujours et plus encore quand on pensait arriver au bout. Ouvrir des lits, cela veut dire assurer le matériel, l'équipement, les compétences, les médicaments, les respirateurs, et garantir que les patients pourront être pris en charge. Beaucoup reposait sur leurs épaules, mais ils ne se départaient jamais de leur calme – cela doit être la fonction qui veut ça – et d'un certain optimisme. À l'acmé de la crise, j'ai quand même entendu Catherine utiliser cette litote : « Là ça va un peu piquer les yeux », et j'ai compris que l'heure était grave. Catherine est devenue directrice générale adjointe quand Jérôme nous a quittés pour diriger le cabinet d'Olivier Véran.

Dans les habitués de la salle de crise, vous trouverez le professeur Frédéric Batteux, l'homme des tableaux de chiffres quotidiens et des courbes établies avec les épidémiologistes, le docteur Sandra Fournier et sa collaboratrice Valérie Souyri, qui coordonnent l'hygiène et donc les protections individuelles, Didier Frandji, directeur des finances érigé en chef des dépenses, auquel on demande de commander le plus et le plus vite possible, et le professeur Rémi Salomon, président de la commission médicale, qui nous fait remonter, ce qui est bien utile, les préoccupations de ses collègues.

Souvent en ligne, dans les réunions de crise ou dans les multiples conférences téléphoniques organisées de l'aube au crépuscule, il y a les quinze experts que nous avons institués en « comité Covid », incluant Yazdan Yazdanpanah, Éric Caumes, Xavier Lescure et quelques autres. Mais aussi Gabriel Steg, Tabassome Simon et Florence Favrel-Feuillade, coordonnant les nombreux projets de recherche. Et bien sûr les directeurs des groupes hospitaliers de l'AP-HP et les présidents des communautés médicales, qui tiennent ensemble la barre.

Et à l'autre bout du couloir, on trouve, sous la houlette maîtrisée de Patrick Chanson, une petite cellule de communication qui envoie tous les jours un journal vers l'ensemble du personnel – *Covidarnosc* –, et canalise les innombrables sollicitations de la presse, rectifiant les fausses informations, transmettant les données, organisant des points presse et nous relatant ce qui se dit à l'extérieur.

À ces personnages, il faut en rajouter un qui a beaucoup compté, le directeur général de l'agence régionale de santé (ARS), Aurélien Rousseau. Avec Aurélien, nous nous sommes appelés plusieurs fois par heure, du matin au soir, parfois au milieu de la nuit, pendant toute cette période. Pour confronter nos constats, pour unir nos forces, pour obtenir des renforts, pour coordonner nos actions, pour dire du mal de la terre entière et pour nous engueuler. Nous étions le réceptacle des pressions contradictoires. Nous avons fait un choix implicite : tout se dire, tout le temps, y compris ce qui était désagréable à formuler quand nous étions en désaccord ou que l'un de nous deux trouvait que l'autre ne réagissait pas assez vite. Mais jamais en allant au point de rupture. Nous avons nos caractères mais nous savions que si on commençait à s'offusquer de ce que l'un pouvait dire à l'autre et à lui en tenir rigueur, c'était tout l'édifice qui était menacé. Nous n'avions ni l'un ni l'autre de doutes sur nos motivations profondes : tenir et faire face. Et quand nous pensions que cela ne passait pas par le même chemin, on montait le ton suffisamment fort, puis on laissait reposer quelques minutes, et on reprenait au coup de fil suivant. Et quand on avait le sentiment que la pression ne retombait pas suffisamment vite, nous utilisions notre arme favorite, l'autodérision, l'humour potache et cela finissait toujours par détendre le plus énervé des deux.

Ces personnages jouent un rôle dans des institutions, qui sont elles-mêmes des protagonistes importants, parfois mal connus.

L'AP-HP – Assistance publique Hôpitaux de Paris – est un établissement très singulier : il réunit 39 hôpitaux – dont des hôpitaux pédiatriques et gériatriques – ce qui en fait le plus grand groupe hospitalier européen, avec des hôpitaux dans Paris et dans la proche banlieue et quelques établissements spécialisés sur le reste du territoire national. Ce sont des hôpitaux universitaires où l'on forme bien sûr les futurs médecins, mais plus largement on y prépare à pratiquement tous les métiers de la santé. On y fait beaucoup de recherche : presque la moitié de la recherche clinique réalisée en France s'accomplit dans les hôpitaux de l'AP-HP. C'est une institution complexe, dont l'histoire a près de deux siècles. Elle est jalousée et décriée, critiquée autant de l'intérieur que de l'extérieur. Elle inspire à la fois la crainte et la compassion, tour à tour ou simultanément. Toutes les disciplines y sont représentées et elle a une compétence particulière pour les maladies rares. Si bien que quand on cherche un spécialiste pour une maladie peu connue, on est toujours sûr de le trouver dans les hôpitaux de l'AP-HP. Elle a la réputation d'être ingouvernable et cette réputation n'est sans doute pas usurpée. Mais la réalité est plus subtile. C'est probablement parce qu'elle ne peut pas ou ne veut pas être gouvernée comme d'autres organismes, qu'elle persiste en son être. Ceux qui y travaillent ressentent une passion pour elle et ne sont pas avares de critiques sévères. C'est une manière d'exprimer leur amour, mais aussi leur souffrance, dans la quête d'un idéal jamais atteint.

Au sein de la région Île-de-France, elle représente un tiers de l'ensemble de l'hospitalisation : un autre tiers est constitué d'autres hôpitaux publics, désormais associés dans quinze « groupements hospitaliers de territoire », le plus souvent en grande banlieue ; le troisième tiers comprend des établissements privés, certains à but non lucratif, les autres étant des cliniques.

Depuis 10 ans, il existe dans chaque région une autorité sanitaire, l'agence régionale de santé, qui coordonne l'ensemble de l'offre de soins : hôpitaux publics et privés, médecine de ville, centres de santé, mais également tout le secteur dit « médico-social », regroupant les établissements en charge des personnes âgées – comme les EHPAD – ou en charge des personnes handicapées. L'agence régionale de santé est chargée de la santé publique et de la sécurité sanitaire, depuis la qualité de l'eau jusqu'à la qualité de l'air en passant par les nuisances sonores et la lutte contre les épidémies. Avant les agences régionales de santé, il existait des agences régionales de l'hospitalisation. L'élargissement de leurs compétences visait à lutter contre un problème majeur de l'organisation sanitaire française, son cloisonnement. Cloisonnement entre les établissements sanitaires et les établissements médico-sociaux, qui connaissent des régulations et des modes de financement différents ; cloisonnement entre l'hôpital et la médecine de ville ; cloisonnement entre le soin et la prévention. En France la santé n'est pas décentralisée. C'est une compétence de l'État, pas des régions, des départements ou des communes. Les agences régionales de santé sont des établissements publics de l'État, dépendant directement du ministère de la Santé, financées par l'État et la sécurité sociale. C'est la subtile distinction entre une administration régionalisée et une administration décentralisée. Elles représentent l'État dans les régions, au sens géographique du terme, elles ne sont pas des services régionaux au sens politique ou administratif. Les agences régionales ont d'abord un rôle de régulation : elles autorisent, suspendent, interdisent. Elles répartissent les financements. Mais elles sont aussi acteurs de santé publique sur le terrain. Par exemple, ce sont les équipes des agences régionales de santé qui ont fait, pendant la première phase de la crise, toutes les opérations de « contact tracing », ces minutieuses enquêtes auprès des patients pour remonter auprès des cas contacts, après avoir fait un interrogatoire serré. Appeler tous les patients d'un médecin contaminé par un patient venu de Chine. Reconstituer l'emploi du temps d'un touriste chinois, repéré comme positif après des courses dans les grands magasins, une visite au Louvre et un séjour dans un appartement loué sur une plateforme.

Les agences régionales de santé sont le bras armé du ministère de la Santé. On sait désormais que le ministère de la Santé est situé, comme beaucoup de ministères, dans le VIIe arrondissement avec une façade avenue de Ségur, nom donné aux grandes concertations qui ont eu lieu en juin et juillet pour donner des moyens au système de santé. Chacun sait aussi que le ministère de la Santé a changé de titulaire, au début de l'épidémie, un médecin succédant à une autre. Agnès Buzyn a démissionné le 16 février pour se lancer dans la campagne des élections municipales à Paris. Olivier Véran a été nommé le 17 février au matin. Le 17 février au soir, le jour de sa prise de fonctions, il venait à l'hôpital Bichat, rendre visite aux équipes en charge du Covid, dans l'un des deux centres de référence. C'était l'occasion de lui présenter l'organisation en place, à un moment où « vigilance » était le mot-clé, mais où la perspective d'une pandémie aussi spectaculaire et d'une telle gravité n'était pas encore dans les têtes, y compris des spécialistes.

On sentait que dès le premier jour, le ministre avait mesuré l'ampleur de l'enjeu. Alors qu'il avait entendu des propos plutôt rassurants de ses confrères, il n'hésita pas à les pousser dans leurs retranchements, pour chercher les points faibles. Il aura ce souci permanent pendant toute la crise, qu'il s'agisse des approvisionnements ou des tests, de nous pousser à nous dépasser et d'être disponibles quand ça coinçait quelque part.

Le ministère de la Santé compte deux grandes directions, qui ont joué un rôle particulier pendant la crise. La direction générale de la santé, dont le titulaire est traditionnellement un professeur de médecine – en l'occurrence le professeur Jérôme Salomon – et qui est charge des politiques de santé, de la santé publique et de la sécurité sanitaire. Lors des grandes crises sanitaires précédentes de la fin du vingtième siècle – le sang contaminé, la vache folle, l'amiante – son fonctionnement et sa faiblesse avaient été mis en cause et avait conduit à la création d'agences sanitaires spécialisées, sur le modèle américain, célèbre pour la force de deux agences respectées : la FDA – *Food and drug administration* – et le CDC – *Center for disease control.* Ont ainsi été créées l'Agence du médicament, l'Établissement français du sang, l'agence nationale de la sécurité alimentaire et de l'environnement, et Santé publique France, avec différents ajustements au cours des vingt dernières années. J'avais moi-même mis en place et dirigé pendant ses six premières années d'existence l'agence française de sécurité des aliments, à une époque où les crises défrayaient la chronique avec les épidémies de lystéria, la longue crise de la vache folle, le début des OGM et déjà les préoccupations liées aux zoonoses, ces maladies transmises par l'animal à l'homme. La direction générale de la santé assure la tutelle directe de ces agences, dont la création correspondait à une volonté d'augmenter les moyens consacrés à la sécurité sanitaire, de renforcer le rôle de l'État, de mieux définir les responsabilités, avec à la fois le souci d'assurer l'indépendance de l'expertise publique par rapport aux intérêts privés et de clarifier la dimension technique et la dimension politique des décisions prises en matière de santé publique. Pour simplifier, on peut dire que l'idée était de distinguer le rôle du politique, incarné par le ministre, qui a la légitimité pleine et entière pour définir le niveau de risque acceptable et le rôle des acteurs techniques qui, dégagés des considérations industrielles, économiques ou politiques, doivent veiller à ce que les bonnes décisions soient prises hors des influences de toutes sortes.

Depuis vingt ans, cette organisation a fait l'objet de critiques contradictoires. On lui reproche tour à tour sa faiblesse et sa toute-puissance, sa vision trop sécuritaire du principe de précaution et son absence de sévérité, ou encore le risque d'une évolution vers un gouvernement des experts. En général, tant que le danger n'est pas matérialisé, on leur reproche de trop en faire. Quand une crise provoque des victimes, on les accuse de ne pas en avoir fait assez.

La vraie faiblesse est probablement à aller chercher ailleurs : l'incapacité à avoir pu définir une vraie organisation européenne de la santé publique et de la sécurité sanitaire avec des organismes puissants, capables de protéger les 600 millions de citoyens européens. C'est dans le domaine du médicament que l'intégration est la plus poussée avec une agence européenne qui a des compétences bien établies, ce qui s'explique par la préoccupation de pouvoir mettre rapidement les innovations sur le marché et de répondre aux demandes des industriels. Mais l'agence européenne de sécurité alimentaire n'a jamais réussi à asseoir sa crédibilité. Il n'existe pas de surveillance épidémiologique structurée dans un espace où biens, personnes, virus, bactéries et polluants circulent librement.

La direction générale de l'offre de soins, comme son titre l'indique, a la responsabilité de la planification, de la réglementation de l'organisation du système de santé et de ses différents acteurs, et, conjointement avec l'assurance maladie, de la répartition de leurs financements. Elle définit des normes, qui peuvent concerner aussi bien les différents statuts des professionnels de santé que les équipements ou les activités médicales. Pour le dire de manière simpliste, c'est à la direction générale de santé, en s'appuyant sur les agences sanitaires, de pointer les dangers et la manière de les conjurer ; à la direction générale de l'offre de soins de mettre en place l'organisation et les moyens pour y répondre, en s'appuyant sur les agences régionales de santé.

Le décor est planté, les personnages sont en scène, l'intrigue peut commencer.

Sauf qu'il manque un personnage, qui n'est pas des moindres : le virus. Officiellement appelé SARS-CoV-2 – pour *severe acute respiratory syndrom-Coronavirus 2* – communément « Covid ». Nous nous sommes surpris à pratiquer l'anthropomorphisme à son égard : on l'a tour à tour traité de salaud, de vicieux, de pervers, ce satané virus. On l'a trouvé retors, perfide, cruel, intelligent. Et c'est, sans conteste, le personnage principal de ce récit.

PREMIÈRE PARTIE

Chapitre 1

Le Nénuphar

« Si vous voulez aider les soignants, restez chez vous. Respectez les consignes. » Le ton est grave. La mine est sombre. La voix est implorante.

Il est 20 heures, ce samedi 14 mars. Je suis en direct au journal télévisé de France 2. Le camion est dans la cour de l'avenue Victoria, au siège de l'AP-HP. J'ai refusé de me rendre sur le plateau dont j'étais l'invité. À la fois pour éviter déplacements et contacts et pour rester sur place. Gagner du temps, déjà. Je me suis extrait quelques minutes d'une réunion qui se tient dans la grande salle des instances avec les épidémiologistes et les réanimateurs. Une réunion de crise comme il y en aura beaucoup.

Je n'avais pas du tout prévu de passer à la télévision. Cela s'est décidé dans l'après-midi.

J'étais venu tôt au bureau avec une chemise tout à fait décontractée rapportée d'Inde, une vieille veste que je n'ose pas porter quand je vois du monde. Je ne pouvais absolument pas passer à la télévision dans cette tenue. Il a fallu qu'un membre de mon cabinet me prête une veste et une cravate, mais je ne pouvais pas lui demander sa chemise alors j'ai couru quelques minutes au BHV en acheter une. Il y a foule dans les rayons du grand magasin. Cela me fait peur. J'ai l'impression d'être à la veille de la fin du monde. Je regarde incrédule les clients serrés les uns contre les autres dans les escalators. Je sais que c'est la dernière fois, comme si bientôt on allait éteindre l'interrupteur central.

La cravate était sombre, la veste était sombre, l'air était sombre, le message était sombre, les perspectives étaient sombres, la cour de Victoria était sombre, mon cerveau était sombre, tout était sombre.

Pendant les quelques minutes qui m'étaient imparties, j'ai répété le même message. J'ai imploré, supplié, conjuré : « Si vous voulez nous aider, ne sortez plus, soyez disciplinés. » Il faut croire que mon état intérieur transparaissait à l'écran parce qu'on m'a beaucoup parlé de cette intervention improvisée dans les semaines qui ont suivi.

Les jours précédents, nous savions que nous allions vivre quelque chose de grave. Nous nous préparions à la vague.

Le mardi 10 mars, le président de la République était venu au SAMU de Paris, avec Olivier Véran, le ministre de la Santé et Jérôme Salomon, le directeur général de la Santé. Les SAMU d'Île-de-France connaissaient une augmentation du nombre d'appel depuis la fin du mois de février. Nous avions fait appel à des renforts – personnels supplémentaires, étudiants en médecine, bénévoles – ouvert de nouvelles lignes, renforcé les standards. L'activité était intense et la grande majorité des appels concernait le Covid. Les SAMU avaient instauré un mécanisme de réponse en deux temps : si l'appelant évoquait des symptômes de Covid sans signe de gravité, il était orienté vers un deuxième niveau de réponse ou rappelé dans les heures qui suivaient. Une grande partie de ces patients pouvait être orientée vers la plateforme de suivi à domicile sans avoir besoin d'une hospitalisation. Ce jour-là notre souci était davantage la capacité à pouvoir répondre à cet afflux d'appels que l'impact sur les besoins de réanimation. La consigne était, devant des symptômes évocateurs du Covid, de faire le 15, pour éviter que les patients ne se déplacent, soit pour aller aux urgences, soit pour aller voir un médecin. Cette consigne a évité un engorgement des services d'urgence et des déplacements qui auraient pu être sources de contamination dans les transports.

Le jeudi 12 mars, le président de la République, dans une allocution solennelle et grave, avait annoncé la fermeture des écoles pour le lundi. Je me souviens d'ailleurs, quand nous l'avions écouté, que notre première réaction n'était pas de nous réjouir de l'efficacité de cette mesure pour freiner l'épidémie, mais de nous inquiéter pour la disponibilité des soignants. Comment leurs enfants allaient-ils être gardés ? Nous l'avions pris comme une complexité à gérer, plus que comme une mesure de protection de la population. Et nous avions passé la soirée et la matinée à nous assurer que des écoles et des crèches resteraient ouvertes pour les enfants du personnel. La veille, nous avions également lancé la déprogrammation des activités chirurgicales pour augmenter nos disponibilités en lits de soins critiques. Moins de patients à opérer, cela veut dire moins de passage par les unités de réanimation et plus de places pour les patients atteints de Covid à accueillir. Le vendredi matin, quand le gouvernement a annoncé le « plan blanc maximal », nous étions déjà satisfaits d'avoir pu déprogrammer en vingt-quatre heures la moitié de toutes les interventions chirurgicales.

En ce vendredi 13 mars, nous étions donc concentrés sur ces multiples difficultés à gérer, mais avec le sentiment que les solutions que nous mettions en place nous permettraient de faire face. J'avais même fait état de ma relative sérénité à deux journalistes du *Monde* qui étaient venus m'interviewer.

Puis, en milieu d'après-midi, j'ai reçu un appel d'une des directrices de l'AP-HP, Christine Welty, qui dirige un groupe d'hôpitaux dont celui de la Pitié-Salpêtrière : « Je viens de recevoir le professeur Piarroux. Il dit des choses intéressantes, qui ne ressemblent pas à ce qu'on entend d'habitude. Je me suis dit que cela vaudrait la peine que tu échanges avec lui. Serais-tu d'accord pour l'appeler ? » J'ai pleinement confiance dans l'expérience et l'intuition de Christine Welty. Elle était mon adjointe il y a vingt-cinq ans, la première fois que j'ai travaillé à l'AP-HP, comme directeur de la pharmacie centrale des hôpitaux. Je sais qu'elle ne s'en laisse pas compter, qu'elle ne s'affole pas pour rien et que quand elle appelle, c'est qu'il y a une raison sérieuse.

« Dis-lui plutôt de venir tout de suite. Je l'attends. »

Un quart d'heure plus tard, arrivait le professeur Renaud Piarroux accompagné du professeur Éric Caumes. Éric Caumes, je le connais bien. Il dirige le grand service de maladies infectieuses de la Pitié-Salpêtrière. Un service prestigieux qui a été longtemps celui du professeur Gentilini et qui a été en première ligne dans les grandes années du SIDA. J'avais été en mission en

Guyane avec Éric Caumes et nous avions sympathisé. Je me souviens qu'il expliquait comment son service était embolisé par tous les patients persuadés d'avoir la maladie de Lyme, ce qui était faux pour l'immense majorité d'entre eux. Mais quand il leur expliquait que ce n'était pas le bon diagnostic, il se faisait injurier et recevait des centaines de lettres de menaces. Il faudrait créer des services pour « faux Lyme » m'expliquait-il car nous ne pouvons plus passer tant de temps à nous occuper de ces malades qui ont besoin d'autre chose que de voir des infectiologues.

Renaud Piarroux, en revanche je n'en avais jamais entendu parler. Mon adjoint, François Crémieux, avec lequel je reçois les deux professeurs, le connaissait de réputation : il s'est illustré en Haïti dans le combat contre l'épidémie de choléra, quelques années plus tôt, et François est souvent allé en mission en Haïti.

Renaud Piarroux vient avec des schémas et des courbes. Quelques heures auparavant, j'avais l'impression que la situation était sous contrôle. Les simulations qui étaient faites à l'AP-HP évoquaient, dans le scénario le plus pessimiste, 400 malades graves à prendre en charge. C'est l'hypothèse sur laquelle nous travaillions depuis plusieurs semaines. Nous avions dû faire des efforts déjà gigantesques pour nous préparer à y faire face. En tout, nous avons 400 lits de réanimation à l'AP-HP que nous avions du mal à ouvrir tous faute de personnel. Là, les 400 malades graves allaient se rajouter aux autres patients dont les situations médicales et chirurgicales nécessitent un séjour en réanimation.

Mais les calculs de Renaud Piarroux sont bien pires. Ce sont 10 000 patients qu'il faudrait accueillir dans nos 400 lits de réanimation, si on en croit ses courbes. En un quart d'heure nos certitudes vacillent.

Devant mon air ébahi, Renaud Piarroux me dit : « C'est l'énigme du nénuphar, je ne sais pas si vous connaissez. » Je comprends immédiatement ce qu'il veut dire. Quand j'étais enfant, mon père m'a répété jusqu'à ce que je la comprenne l'histoire du nénuphar, quand nous faisions le tour des étangs de Corot de Ville-d'Avray. « Un nénuphar double chaque jour. Il met vingt-neuf jours pour couvrir l'étang. Combien de jours lui faut-il pour couvrir la moitié de l'étang ? » Il a dû me faire le raisonnement plusieurs dimanches de suite avant que je comprenne pour toujours. Il faut vingt-huit jours – et non pas quatorze jours et demi – pour couvrir la moitié de l'étang. En doublant le lendemain, il couvrira l'ensemble de la surface de l'eau. Je réalise ce que cela signifie pour nous, si l'épidémie a le même caractère exponentiel que le nénuphar. Cela veut dire que chaque jour de retard, c'est un doublement du nombre de cas, un doublement du nombre de malades graves, un doublement du nombre de morts. Chaque jour compte.

J'espère encore qu'il y a une erreur de raisonnement. Éric Caumes, qui l'accompagne, n'avait-il pas lui-même indiqué qu'on en faisait trop pour le Covid et quelques jours plus tôt donné une interview pour dire que ce n'était pas une maladie grave ? Mais pour autant, le raisonnement de Piarroux a l'air solide. Que faire ? « Professeur, vous êtes le premier à venir me voir avec de telles prévisions. Donnez-moi vingt-quatre heures avant de sonner le tocsin et permettez-moi de confronter votre raisonnement à celui d'autres épidémiologistes. Si vos collègues montrent que vous avez tort, dont acte. S'ils vous donnent raison, alors nous changeons tout. Est-ce que cela vous va ? » Il est d'accord et nous faisons la liste de ceux qu'il faut réunir : ceux de l'AP-HP, mais aussi ceux de Pasteur, ceux de Santé publique France et les universitaires. Rapidement, nous avons une quinzaine de noms auxquels nous ajoutons ceux de nos centres de référence, infectiologues et réanimateurs. Je préviens le cabinet du ministre de la Santé, en expliquant que jusqu'à présent je n'avais aucun chiffre qui m'était parvenu à part ceux que nous anticipions nous-mêmes. Que cette fois les chiffres sont très alarmistes. Que je ne peux pas rester dans cette incertitude et que je prends l'initiative de réunir les experts le lendemain. Le conseiller du ministre me propose d'envoyer des représentants du ministère et peut-être de venir lui-même. Le vendredi soir, les invitations partent. Tous ceux que nous contactons acceptent l'invitation. Tard dans la soirée, je vois que, loin de contredire ces prévisions, quelques-uns confirment que ces données alarmistes sont crédibles.

Le samedi 14 mars est une journée surréaliste. La réunion n'est prévue que pour le soir, mais dès le matin, nous nous disons que le doute n'est plus permis. Et qu'il faut se préparer à des scénarios extrêmes, nous allons vivre quelque chose de spectaculaire. Nous sommes quelques-uns à passer la journée à tout reprendre. Nous convenons de préparer avec Aurélien Rousseau les scénarios du pire. Cela donne le mail suivant que je lui adresse à 10 heures du matin :

« *Quelques idées si on est sur un scénario "rouge", pêle-mêle :*

1 – On élargit les capacités de soins intensifs en réquisitionnant tout ce qui est possible, Île-de-France et France entière, cliniques et ESPIC, dans leurs unités chirurgicales (ça doit bien augmenter bien les capacités).

2 – On réquisitionne quelques grandes cliniques pour y transporter des activités non Covid et pouvoir étendre les lits pouvant faire des soins intensifs dans les hôpitaux.

3 – On prend un texte qui contraint les professionnels de santé (infirmières notamment) qui ne travaillent pas ou qui travaillent dans des secteurs hors soins primaires à reprendre du service dans les hôpitaux pour injecter milliers ou dizaines de milliers de professionnels (je ne sais pas comment).

4 – On se démerde pour fabriquer des masques bricolés par millions avec du tissu ou que sais-je : il n'est pas possible qu'on ne sache pas fabriquer par millions des protections de visage ; et on ne peut pas avoir ce point faible plus longtemps (à moins que la Chine reprenne sa production et qu'on puisse envoyer des avions y chercher des masques).

5 – On voit combien de respirateurs on peut récupérer fissa (le fabricant semble avoir du mal à nous filer plus de 50 de suite tout de suite mais il faut voir).

6 – On verse vers les unités nouvelles ouvertes les anesthésistes, infirmières anesthésistes des cliniques, boîtes d'intérim, etc.

Pour freiner la contamination et qu'elle se freine vraiment à la fin du mois de mars (avec ce délai d'incubation):

On prend vite les mesures de restriction qui mettent sous cloche : pas de spectacles, pas de café ou restaurant, pas de commerce autre qu'alimentation et santé ; pas de prétexte pour sortir se balader. »

Le directeur de cabinet du Premier ministre m'appelle pour me demander comment je sens les choses. « Mal », dis-je du tac au tac. « Alors, continuez à documenter les scénarios extrêmes », m'encourage-t-il.

Dans ce début de matinée, je reçois un message d'une proche amie, Fabienne Servan-Schreiber : « Henri a déjeuné mercredi avec un ami qui s'est déclaré depuis positif et l'a prévenu hier soir par SMS. Doit-il faire un test ? Je comprends qu'il faut attendre quatorze jours pour savoir si on est atteint. En quarantaine totale ????? Est-ce cela ? On devait partir ce matin dans notre maison du Sud avec nos enfants et petits-enfants. Si tu as un moment pour m'appeler. Désolée de prendre ton temps et t'embêter. On ne sait pas quoi faire excepté les gestes barrières. Merci. Bises. Fabienne »

J'appelle immédiatement. Je lui dis qu'il faut appeler le 15 au moindre signe, au moindre symptôme. Qu'effectivement un test maintenant ne donnerait rien. Dans les jours qui suivent, on s'échange des messages. Ce sont eux qui m'envoient des messages de soutien et d'encouragement jusqu'au 5 avril, où Fabienne m'apprend que Henri est en réanimation. Les équipes d'Avignon tenteront pendant vingt-cinq jours de le sauver. En vain. J'ai tous les jours repensé à ce SMS du 14 mars. Ce jour-là, nous n'imaginions pas.

À midi je vais déjeuner dans un restaurant voisin avec Florence et notre fille Mathilde. Je leur dis que c'est probablement la dernière fois que nous déjeunons ensemble et qu'il va se passer des choses difficilement imaginables, et que mon unique objectif de l'après-midi serait de réussir à convaincre qu'il faut annuler le premier tour des élections municipales qui se tient le lendemain. Elles me trouvent monomaniaque et je file au bureau, après leur avoir demandé de bien vouloir y apporter quelques victuailles, car je sens que la réunion du soir va être longue.

À 19 heures, tous les experts sont là. On a écarté les chaises, pour éviter d'être collé les uns aux autres. D'habitude quand on réunit des experts, spécialistes de la même question, ils passent des heures à s'opposer. Là, ce qui est glaçant, c'est qu'ils sont tous d'accord au bout d'un quart d'heure. Je découvre, que depuis quarante-huit heures, ils sont convaincus que l'épidémie va être terrible, bien plus qu'anticipée. Que cette discussion que nous avons, ils l'ont eue le jeudi matin avec le président de la République. Au même moment, le Premier ministre annonce la fermeture des cafés et des restaurants.

Nous sommes le 14 mars, nous basculons dans un autre monde. Nous sommes happés dans un tourbillon qui durera deux mois, sans interruption. Et deux mois au cours desquels chaque jour, chaque heure, chaque minute compte.

Pendant cette réunion du 14 au soir, les experts nous montrent leurs projections. Si rien n'est fait, nous pourrions avoir 100 000 patients en réanimation et quelques centaines de milliers de morts. Voilà ce que donnent les modèles. Nous sommes d'abord incrédules. Il ne s'agit plus de savoir si nous pouvons rajouter quelques lits. C'est vingt fois les capacités de réanimation. Il ne s'agit plus de se demander si c'est comparable ou non à la grippe. C'est juste une catastrophe sanitaire sans précédent. Mais, ils ne se contentent pas de projeter ce qui va arriver si on ne fait rien. Ils montrent en même temps l'effet des différentes mesures : fermeture des écoles, télétravail, confinement. Des diapositives montrent l'impact sur le sommet de la courbe. On peut l'aplatir. Réduire la pente de la progression. Faire baisser le R0, expression devenue familière qui désigne le taux de reproduction du virus. Quand il est à trois, ce qui était le cas alors, une personne en contamine trois autres, qui chacune en contamine à son tour trois. Le triplement du nénuphar : une fois qu'il a atteint un tiers de l'étang, il ne lui faut qu'un jour pour en recouvrir la totalité. Il n'y a pas de fatalité. Certes on ne peut pas rattraper le temps, mais on peut ne plus en perdre.

J'ai souvent repensé au nénuphar. Quand nous courions après les places en réanimation, quand nous nous demandions jusqu'où ça allait monter, je revoyais les étangs de Ville-d'Avray. Je les voyais à moitié couverts de nénuphars, je fermais les yeux, et quand je les rouvrais, les étangs étaient entièrement verts.

Je me suis sans cesse demandé ce qui se serait passé si le confinement était intervenu trois jours plus tôt. Le vendredi ou le samedi. C'est effectivement le jeudi que les experts montrent leurs simulations et leurs courbes. C'est ce qui conduit à la fermeture des écoles. Est-ce que l'énigme du nénuphar est vraie ? Est-ce que si le confinement avait eu lieu avec trois jours d'avance, le pic serait monté nettement moins haut ?

En tout cas, c'est la réponse à tous ceux qui pensent qu'on aurait pu éviter le confinement ou qu'on n'aurait pas dû l'appliquer à l'ensemble du territoire. Si le virus a si peu circulé entre la mi-mars et la mi-mai dans certaines régions de France, comme en Bretagne, en Centre-Val de Loire, en Nouvelle-Aquitaine, par exemple et quasiment pas dans certains départements, ce n'est pas l'effet d'un microclimat, c'est l'effet précoce du confinement. Si on s'était contenté de confiner dans le Grand-Est, les Hauts-de-France et l'Île-de-France, comme certains le défendent encore aujourd'hui, le virus aurait continué à circuler dans les autres régions et nous aurions atteint le même niveau de contamination, le même nombre de malades graves sur l'ensemble du territoire et l'histoire aurait été bien plus terrible. C'est la tragédie américaine.

Chapitre 2

La drôle de guerre

C'est François Crémieux, mon adjoint qui a trouvé ce terme ou qui l'a utilisé le premier : la drôle de guerre, par référence à cette période du début de la Seconde Guerre mondiale où les Français mobilisés attendaient une attaque allemande qui ne venait pas. Ils savaient que le danger était là, mais il ne se matérialisait pas. Et il est difficile de tenir face à un ennemi absent.

Cette période que nous avons vécue de la mi-janvier au début du mois de mars ne fut pas inactive. Elle était juste émaillée de signaux. Je me souviens du premier patient chinois, arrivé à Hôpital Européen-Georges-Pompidou (HEGP) fin janvier, au service des urgences. Les deux centres de référence interrogés par l'équipe d'HEGP, avaient écarté le diagnostic de Covid, car le patient ne venait pas de l'épicentre de l'épidémie en Chine et qu'il ne semblait pas présenter de signes cliniques caractéristiques ou ce qu'on pensait à l'époque être des signes cliniques caractéristiques. L'équipe d'urgence eut la sagesse cependant de prendre des mesures de précaution, de lui faire porter un masque et de protéger l'équipe. Sa fille en revanche, qui ne présentait aucun symptôme ne portait aucune protection. Les deux s'avérèrent positifs. Et nous eûmes à instituer la première cellule de crise, à prévenir l'ensemble des agents au contact de ces deux patients et à les mettre en quarantaine. Aucun ne sera finalement contaminé. J'avais admiré le sang-froid des équipes. Et poussé un grand soupir de soulagement de ne compter aucun contaminé.

Plus tard, devant la commission d'enquête de l'Assemblée nationale, Didier Raoult prétendra que nous avons laissé ce patient rentrer à son domicile et contaminer sa fille, ce qui est absolument faux. Ce patient a été directement transféré de l'Hôpital Européen-Georges-Pompidou vers l'hôpital Bichat, centre national de référence, où il est malheureusement décédé, tandis que sa fille a pu être traitée.

Dans la foulée, nous avons fait un « CHSCT » (Comité d'hygiène, de sécurité et des conditions de travail) pour évoquer les risques de cette maladie, en expliquant que nous ferions des réunions d'information pour l'ensemble du personnel, dans les hôpitaux les plus directement concernés, à commencer par Bichat et la Pitié, qui avaient les centres de référence. Je me souviens qu'un représentant de la CGT m'a demandé de faire les mêmes réunions d'information dans les hôpitaux gériatriques. Je lui ai dit qu'il ne fallait pas exagérer le risque, qu'on devait commencer par là où le risque était le plus probable, pensant qu'il n'y aurait jamais le moindre problème dans des hôpitaux gériatriques. Je ne savais pas que c'était lui qui était le plus clairvoyant.

Le 1er février, nous faisions une note importante sur la manière dont l'AP-HP s'organisait face à ces premières alertes.

Mais le mois de février est dominé par les difficultés internes. La grève du codage, la démission des chefs de service, les difficultés de recrutement. L'ambiance est mauvaise. L'hôpital est en crise.

Celle-ci a commencé près d'un an auparavant. Par une grève au service des urgences de Saint-Antoine. À la suite de l'agression d'un membre du personnel par un patient. Les grévistes ont une dizaine de revendications : davantage de personnel, la titularisation de certains d'entre eux, le remplacement systématique des congés maladie, un renforcement du gardiennage et 100 euros de plus par mois. Nous arrivons à satisfaire toutes les revendications, sauf une : celle qui porte sur les salaires pour la simple et bonne raison que nous ne sommes pas en capacité de le faire. Non par manque d'argent mais parce qu'à l'hôpital public, les salaires sont fixés par des règles nationales et que nous ne pouvons pas décider d'y déroger. Au lieu de s'éteindre, la grève s'étend. Avec le directeur général de l'agence régionale de santé, nous partageons cette analyse : il ne s'agit pas d'une grève spécifique aux urgences, il ne s'agit même pas d'une grève spécifique à l'AP-HP, mais il s'agit du début d'un mouvement plus ample, aux racines plus profondes. C'est le message que nous faisons passer.

Dans les discussions syndicales, plusieurs représentants du personnel m'avaient dit : « Vous avez vu que toutes ces années, on s'est battus contre les horaires de travail, contre les restructurations, contre les fermetures de lits, mais jamais pour nos propres salaires. Maintenant qu'on a vu ce qui s'est passé avec les gilets jaunes, nous n'avons plus de scrupules à le faire. »

Tout le monde sait maintenant que le personnel soignant est mal payé. J'avais écrit, en 2017 dans *L'Hôpital à cœur ouvert* que l'hôpital ne pouvait pas tenir avec des salaires aussi bas, parmi les plus bas en Europe et dans les pays de l'OCDE. La situation était particulièrement difficile à Paris, compte tenu du coût du logement. Je me souviens de discussions avec la ministre. Elle me reprochait de ne pas être capable de régler moi-même le problème de « mes » urgences. Je tentais de la convaincre, en vain, qu'il ne fallait pas s'arrêter à l'écume des choses et traiter la question des salaires, au-delà des urgences, au-delà de l'AP-HP.

Peu de monde se préoccupait du salaire des infirmières. La situation a changé au printemps de l'année 2019 quand les départs se sont accélérés et que nous n'arrivions plus à les remplacer. Des centaines de postes étaient vacants. Les délais pour prendre en charge les patients s'allongeaient. Nous étions contraints de fermer des lits, faute de personnel ! Cela a commencé à avoir un retentissement sur l'activité médicale, et les médecins se sont mis à être solidaires des infirmières. En septembre 2019, la grève a débordé des services des urgences. En octobre, les médecins se sont mis à pratiquer une forme de grève particulière, la grève du « codage », qui consiste à empêcher l'hôpital de facturer son activité à l'assurance maladie, le privant donc de recettes. En novembre, le Premier ministre a annoncé des mesures qui n'ont pas suffi à éteindre la crise, sans qu'aient été conduites des négociations avec les représentants des personnels. Début janvier 2020, est venu le temps des démissions des chefs de service, égrenées tout au long des deux premiers mois de l'année.

Tout le long du mois de février, nous étions donc partagés entre deux préoccupations : la préparation à l'arrivée du virus et la réponse à cette situation de crise sociale. On nous avait fait comprendre que l'on n'irait pas plus loin que les mesures annoncées en novembre, qui tardaient d'ailleurs à se concrétiser. Pendant ce temps, nous continuions à voir nos manques d'effectifs s'aggraver. Au début de l'année, nous constations que 10 % de nos lits de soins critiques – les fameux lits de réanimation – étaient fermés faute de personnel.

Le 27 février, le président de la République vient à la Pitié-Salpêtrière. Il veut se rendre compte de l'état de notre préparation à une future pandémie. Il doit commencer sa visite par le service des maladies infectieuses puis rejoindre un autre bâtiment, celui où se trouve la réanimation. La visite est un peu perturbée par l'arrivée de syndicalistes pendant que nous attendons le Président. Il prend le temps d'échanger avec eux, d'entendre les doléances. Il va jusqu'à promettre de revenir visiter l'hôpital, à l'invitation du délégué CGT qui se propose de lui faire découvrir « la réalité qu'on ne montre jamais ». À l'issue de la visite, un temps d'échange est prévu avec une dizaine de médecins concernés par le Covid dans une salle. Un neurologue, très actif dans le collectif en grève, s'est glissé parmi les infectiologues, virologues et réanimateurs. Les médecins concernés par le Covid disent au président qu'ils sont prêts. Ils n'ont pas de demande particulière. Le neurologue apostrophe le Président sur les conditions de travail et les salaires. C'est d'ailleurs cet échange vif qui sera le plus retenu de la visite par les médias.

Nous sommes donc entrés dans la guerre contre le virus dans les pires conditions possibles : un climat mauvais, du personnel manquant, des lits fermés, une rancœur diffuse.

Et pourtant ! Pourtant, personne n'a fait défaut. La mobilisation a été pleine et entière. Dès que cela a commencé à chauffer, tous les griefs ont été mis entre parenthèses. Les chefs de service ont repris leur démission, les grèves se sont interrompues, les syndicalistes ont à nouveau enfilé la blouse blanche, les bouchées doubles, ou plutôt triples ou quadruples ont été mises.

C'est là que l'on sent ce que signifie la vocation hospitalière. Des vies sont en cause ? nul ne ménage ses efforts.

Chapitre 3

Un drôle de virus

Cette période de drôle de guerre, c'est aussi la période des déclarations contradictoires. Du grand flou. Du tout et son contraire. Du trop et du trop peu. Des drôles de déclarations.

Certains se sont déjà livrés à l'exercice : prendre les déclarations successives des experts et des responsables publics pendant cette période. Ce n'est faire injure à personne que relever qu'à notre connaissance, personne n'a eu la clairvoyance constante et absolue. Et j'y inclus bien évidemment l'auteur de ces lignes !

Avant début mars, je n'ai pas entendu ou lu de construction argumentée sur le fait qu'on pouvait se retrouver avec des dizaines de milliers de patients à prendre en charge dans les réanimations. Ni qu'il faudrait masquer l'ensemble de la population. Ni même qu'il fallait procéder au confinement de régions ou de pays entiers.

Pendant toute cette période, à peu près tous les experts ont fait l'analogie avec la grippe annuelle, et non pas avec la grippe espagnole ou avec le SARS de 2003.

Cela ne veut pas dire que le virus était pris à la légère, mais que l'idée dominante était qu'il pouvait être contenu si on était très rigoureux. Le souci alors était d'éviter des clusters. D'où les réactions énergiques pour isoler les premiers cas, pour faire un « contact tracing » le plus exhaustif possible, que ce soit auprès des premiers patients qui venaient de l'épicentre initial à Wuhan ou du cluster des Contamines-Montjoie.

Il sera intéressant de comprendre pourquoi.

La première évidence, c'est que ce virus présente des caractéristiques capables de déjouer tous les pronostics.

Dans chaque crise, il y a toujours au moins une personne pour vous rappeler ses propres souvenirs et pour commencer à donner son point de vue, par un : « Ça me rappelle quand... » On se rappelle une guerre, une épidémie précédente, un incendie, un attentat, une catastrophe. La crise du Covid a ceci de particulier que je n'ai entendu personne dire cela, même parmi les plus aguerris. Mais plutôt : « On n'a jamais vécu cela. »

S'il y a eu cet effet de sidération, c'est bien que ce satané virus a déjoué tous les pronostics. Il s'est attaqué aux jeunes quand on l'attendait chez les personnes âgées, sans pour autant épargner ces dernières. Il ne devait être contagieux qu'une journée avant l'apparition des symptômes. Il semble l'avoir été au moins trois jours plus tôt. Alors qu'à la fin du mois de juillet 2020, il a atteint plus de 16 millions de personnes dans le monde, on se pose toujours des questions sur les modes de transmission interhumaines et on ne sait pas clairement quand il est apparu, ce qui s'est passé entre la chauve-souris, le pangolin et l'homme. Il s'est manifesté par des signes cliniques inattendus : la perte de goût, la perte de l'odorat, des signes ressemblant à une vulgaire grippe, voire à un rhume. Parfois des signes cutanés. Il ne devait pas concerner les enfants, et s'est révélé capable de provoquer chez eux une redoutable maladie cardiaque, comme celle connue par les spécialistes sous le nom de maladie de Kawasaki. Virus respiratoire, il s'attaque à tous les organes, y compris le système nerveux central. Il provoque des troubles aigus et on ne connaît pas les séquelles qu'il peut susciter à long terme. Et on ne sait toujours pas quelle immunité durable provoque le contact avec le virus.

Reconnaissons-le tout net : il a trompé tout le monde. Beaucoup réécriront l'histoire à leur avantage, surtout ceux qui l'ont vécue de très loin. Mais il est à ce jour difficile de trouver pendant les deux premiers mois de l'année des argumentaires construits frappant par leur clairvoyance et leur caractère prémonitoire.

Les commissions d'enquête auront accès aux archives et aux notes qui ont circulé pendant cette période. J'ignore ce qu'elles trouveront. Mais, je peux dire, comme directeur général de l'AP-HP, que si nos experts prenaient le virus très au sérieux, je n'ai le souvenir d'aucun écrivant, avant le début du mois de mars que nous aurions une épidémie d'une telle ampleur et d'une telle rapidité, et décrivant le scénario que nous avons connu, ni même celui que nous avons évité.

Même ceux qui asséneront doctement, plus tard, leurs certitudes du haut de leur collection de titres et travaux, n'ont pas brillé par leur capacité à prévoir ce qui allait arriver et à émettre des recommandations qu'il aurait suffi de suivre au pied de la lettre.

Au début du mois de février, j'ai eu la curiosité de lire quelques documents sur la grippe espagnole. J'avais été étonné de constater, un siècle après la pandémie qui avait fait plusieurs dizaines de millions de morts, les incertitudes qui demeuraient dans la communauté scientifique : origine humaine ou origine aviaire ? nombre exact de morts ? Mais surtout, j'avais été frappé par un point qui faisait consensus chez tous les experts : la corrélation entre la mortalité et la pauvreté. Pour la grippe espagnole, il s'agit d'un gradient de mortalité établi en fonction du niveau de revenu par habitant dans les pays touchés. Pour le Covid, on constatera dans chaque pays, une mortalité plus forte dans les populations les plus pauvres.

Il y a ensuite la difficulté à appréhender la situation en Chine et à analyser la réalité de ce qui s'y passait. Je pense que d'un côté, il y a eu des informations tronquées sur la réalité, le comptage des cas à Wuhan. De l'autre, que l'on n'a pas mesuré la sévérité du confinement absolu mis en place dans cette ville, dans la province de Hubei et des mesures restrictives étendues en Chine, dans un contexte politique très différent du nôtre. Celles-ci, particulièrement strictes, ont eu un effet majeur sur la diffusion du virus et ceci a conduit certainement à réduire les inquiétudes dans les autres pays, notamment en Europe. Je me souviens de mon étonnement du très faible nombre de cas à Shanghai et de la relative sérénité de nos homologues dans cette immense métropole où nous avons des partenariats. Cela ne plaidait pas pour une explosion à l'échelle mondiale

On peut penser aussi qu'il y a eu trop de raisonnements par analogie : le SRAS de 2003 avait fait relativement peu de victimes et n'était pas sorti d'Asie ; le MERS revenait tous les ans sans faire beaucoup de morts.

Il y a eu aussi le temps nécessaire pour comprendre que les patients asymptomatiques pouvaient être contagieux plusieurs jours avant les symptômes. Jusqu'à début mars, le consensus était de dire que c'était par précaution qu'on s'intéressait aux contacts dans les vingt-quatre heures qui précédaient l'arrivée des symptômes, jusqu'à ce qu'on estime à trois jours la période de contagiosité pré-symptômes, ce qui change considérablement la donne.

Il y a bien évidemment la crainte de la surréaction. Il est vrai que nous avons subi le contrecoup des moqueries qui ont suivi le non-développement de la pandémie grippale malgré une préparation considérable.

En tout cas, cette crise se différencie des autres aussi de ce point de vue. Habituellement, les politiques se trouvent confrontés à des experts divisés en deux clans : les alarmistes et les rassurants. Avec d'aussi bons arguments des deux côtés. Leur rôle est alors de pousser les experts dans leur retranchement, d'organiser la confrontation des points de vue, de faire préciser les éléments qui permettent de départager, puis de choisir une position. C'est dans ces cas d'incertitude qu'on peut faire appel au principe de précaution, en choisissant la plus maximaliste des positions qui prend en compte la pire des hypothèses, tant que la recherche n'a pas réduit les incertitudes. Parfois, les alarmistes sont très minoritaires, mais leurs arguments sont bien construits et ils arrivent à emporter la décision. Parfois, les politiques exercent une pression forte pour discréditer les alarmistes. Souvent, ils peuvent jouer sur un risque plus diffus, qui porte davantage sur le moyen et le long terme ou sur des controverses scientifiques. C'était le cas pour la crise de la vache folle avec une maladie dont le temps d'incubation était de plus de vingt ans et donc une difficulté à matérialiser le risque au moment où il fallait prendre les décisions protectrices. C'est également tout le débat sur les risques climatiques, avec l'effet différé – pendant des années – des risques prédits et l'effet différé des mesures de prévention.

Face à un risque aigu, à une propagation rapide, à des mesures dont l'effet est immédiat, il est rare qu'il y ait des réactions si mesurées des experts.

On peut se demander si la face du monde aurait été changée si l'OMS avait adopté une autre attitude fin janvier. À ce moment-là, le comité d'urgence du règlement sanitaire international, chargé de donner un avis au directeur général de l'OMS conclut que « l'événement ne constituait pas une urgence de santé publique de portée internationale ». Mais au-delà de cet avis négatif, le comité recommande « un système plus nuancé, qui permettrait un niveau d'alerte intermédiaire ». Après des recommandations spécifiques pour la Chine, il conseille aux autres pays d'« être prêts à prendre des mesures pour endiguer la flambée, y compris par une surveillance active, un dépistage précoce, l'isolement et la prise en charge des cas, la recherche des contacts et la prévention de la poursuite de la propagation de l'infection par le 2019-nCOV ». Il n'est pas question d'éventualité de confinement total ou partiel, ni même de généralisation d'équipements de protection individuelle, tels les masques. Le 30 janvier, lors d'une deuxième réunion du comité, l'urgence de santé publique est admise, mais les recommandations aux pays restent les mêmes et il n'est décidé aucune restriction aux voyages. Il faut attendre le 3 mars pour que soit émise une alerte sur le risque de pénurie d'équipements de protection individuelle pour les soignants.

L'expérience montre que les commissions qui émettent des avis sont souvent elles-mêmes le reflet de l'état d'esprit du récepteur. Quand les autorités et l'opinion publique n'ont pas envie d'entendre qu'il faut prendre des mesures drastiques, il y a comme une intériorisation de ce rejet chez les experts qui s'autocensurent. Être perçu comme trop alarmiste n'est pas bien vu. On est parfois écrasé par l'idée des conséquences des avis que l'on peut émettre. En tout cas, jusqu'à début mars, l'idée dominante était qu'il y avait un virus de plus, qui avait donné des sueurs froides à la Chine, qui ressemblait à d'autres virus que nous avions connus ces dernières années, qu'il fallait réussir à contenir. Si on était vigilant, intraitable avec les premiers clusters, ce virus ne resterait pas dans l'histoire.

S'il était extrêmement difficile d'interpréter la situation chinoise, qui a été longtemps très trompeuse, on peut en revanche tous se reprocher de ne pas avoir suffisamment pris au sérieux la situation italienne.

Je me souviens du choc que nous avons ressenti quand un médecin, Éric Caumes, m'a transmis le témoignage d'un de ses collègues de Brescia avec ce commentaire : « J'ai visité son unité et je peux vous dire que c'est top. Contrairement à ce que j'entends sur toutes les ondes comme quoi nous ne sommes pas l'Italie, La bonne blague, ils ne sont pas moins bons que nous. Dramatique complexe de supériorité des Français qui se croient meilleurs que tout le monde, et sont incapables de tirer les enseignements de ce qui se passe ailleurs. Bonne soirée. » C'était le 9 mars. Celui qui me transmettait ce message avait, trois jours auparavant, lui-même donné une interview dans laquelle il disait à quatre reprises que le virus ne provoquait pas de maladie grave. J'ai été rétrospectivement très étonné que personne ne dépêche d'expert en

Italie, ni les autorités françaises, ni les autorités européennes, pour voir et faire un retour d'expérience. Cela aurait peut-être changé les choses, permis de gagner ces quelques jours susceptibles de faire la différence.

Nous nous sommes efforcés de ne pas faire la même erreur deux fois. Quelques jours plus tard, nous avons envoyé un « émissaire » dans la région Grand-Est, qui était frappée avant la région Île-de-France. C'est Benoît Vallet, ancien directeur général de la Santé, maintenant à la Cour des comptes, qui m'avait envoyé un message pour me proposer ses services. Je lui ai demandé s'il acceptait d'aller voir ce qui se passait dans le Grand-Est, ce qu'il a accepté immédiatement. Son retour nous sera extrêmement précieux pour mieux réaliser la violence du choc, et nous organiser.

Mais ces quelques jours où nous avons regardé de loin la situation italienne nous montrent les progrès considérables que nous avons à réaliser sur l'Europe de la santé.

DEUXIÈME PARTIE

Journal de crise

Avertissement :
Presque chaque soir, entre le 17 mars et le 4 mai, j'ai enregistré ce qui m'avait marqué dans la journée. Ces enregistrements sont restitués ici, sans réécriture, sans filtre. Ils doivent être pris pour ce qu'ils sont : des impressions à chaud et non pas une analyse nourrie par le recul. Un point de vue assumé comme partial et partiel. Une vision totalement subjective. Avec la sincérité des sentiments, ce qui ne signifie pas la pertinence du jugement. La vérité du vécu, ce qui n'implique pas l'exactitude des faits. Une vue avec des lunettes de plongée, avec une focale très réduite, pas un panorama du champ de bataille filmé de la hauteur d'un drône. La vision à travers la lorgnette d'un acteur parmi d'autres, pas un kaléidoscope intégrant tous les points de vue.

Lundi 16 mars
De : Martin Hirsch
Envoyé : lundi 16 mars 2020
À : Personnel de l'AP-HP

Chère Madame, cher Monsieur,

En rentrant du bureau ce soir, après, comme beaucoup d'entre vous, un week-end de travail, de préparation, d'anticipation, de résolution de problèmes, j'ai eu envie de vous écrire un petit message plus amical que professionnel, ou autant amical que professionnel.

Notre AP-HP doit affronter l'épreuve la plus redoutable que l'on peut imaginer, d'une ampleur jamais connue en temps de paix. Tout le monde va être concerné. Un travail de préparation extraordinaire a été fait. J'ai pu constater que tous ont désormais conscience de la gravité des enjeux. Chaque jour, il faudra s'adapter. Chaque jour il faudra s'encourager. Chaque jour il faudra être solidaire. Chaque jour, il faudra lutter contre l'adversité. Chaque jour on réussira à faire des choses que l'on pensait impossible d'accomplir la veille. Chaque jour, on se demandera comment on peut en faire encore plus le lendemain.

Aux difficultés que l'on rencontrera à l'hôpital, se rajouteront celles d'une vie quotidienne plus complexe, de la limitation des interactions sociales.

Oui, le virus est contagieux. Mais à l'AP-HP, la volonté de se surpasser est contagieuse. La conscience professionnelle est contagieuse. L'inventivité face à l'adversité est contagieuse.

Oui, il faut limiter les interactions sociales. Mais à l'AP-HP, cela n'empêche pas les valeurs de se partager, la solidarité de jouer à plein.

Je sais parfaitement que tout le monde aura à cœur de donner le meilleur de soi-même dans les circonstances exceptionnelles que nous allons vivre. Je sais que vous aurez à prendre sur vous pour être à la hauteur de l'idée que vous vous faites de l'hôpital, du service public, de l'équipe dans laquelle vous êtes. Parce que vous en avez l'idée la plus haute.

Je formule trois vœux ce soir.

Le premier est que nous sauvions le plus de patients possible.

Le deuxième, c'est que les soutiens, la solidarité, les organisations, vous permettent de traverser cette crise dans les moins mauvaises conditions, en gardant des forces jusqu'au bout.

Le troisième, c'est que ce qui sera accompli collectivement, ce que nous aurons changé pour nous adapter à l'ampleur de la crise, les enseignements que nous aurons tirés, permettent de pouvoir bâtir, avec vous tous, un modèle hospitalier différent de ce qu'il a été avant, plus proche de nos attentes et de nos ambitions à tous. Nous nous retrouverons pour en parler, pour le réaliser.

Bien cordialement ou plutôt bien amicalement.

*

Ce message est écrit après un week-end sans relâche. Depuis le vendredi, j'ai compris que nous allions affronter un véritable tsunami et les dernières quarante-huit heures ont été plus qu'intenses.

En rentrant à la maison vers minuit le dimanche soir, je ne me résous pas à me coucher, bien que mort de fatigue. Je me dis que nous sommes une dizaine, peut-être une vingtaine à l'AP-HP à deviner ce qui nous attend. Mais il y a 100 000 personnes qui travaillent dans nos hôpitaux, qui n'ont pas assisté à nos débats, pas lu nos projections et qui ne peuvent savoir. Cette discordance m'insupporte. Je ne sais pas faire autrement que de partager avec tous ce que nous sommes quelques-uns à pressentir. J'envoie rarement des messages à toute l'AP-HP, en utilisant le bouton « diffusion générale » qui déclenche près de 100 000 mails. Je le fais le 1er janvier, et quelques fois dans l'année, lorsqu'il faut annoncer une mesure générale ou une réforme importante.

Ce message, je l'écris très spontanément, en essayant de prévoir ce qui va se passer. Je ne sais pas encore que je vais en écrire un chaque jour pendant plus de deux mois. Mais ce premier message suscite de nombreuses réactions. Je me disais qu'il était utile de partager toute l'information : j'ignore que cela sera pour moi aussi une source d'information précieuse. Chaque jour, je recevrai des centaines de réponses. Ce sont des suggestions, des demandes, des plaintes, des encouragements, des idées, des témoignages, des angoisses, des joies. Elles viennent de toutes les catégories professionnelles. De ceux qui sont au front, comme de ceux qui télétravaillent. Il y a régulièrement des messages énervés – principalement de quelques médecins – qui me demandent de les « désabonner » mais la grande majorité sont positifs. Quand parfois, le message ne part pas à l'aube, je reçois des mails inquiets, soucieux de ma santé. Et quand il finit par arriver, on me fait part d'un soulagement.

*

Enregistrement

Nous sommes le 16 mars 2020 et je vais essayer de vous raconter la crise, telle que nous nous apprêtons à la vivre. Je sais que chaque minute va être précieuse. Je sais aussi que les repères temporels vont s'estomper. Dans la tourmente, la notion de temps disparaît, s'élasticise, s'allonge, se raccourcit. On ne sait plus distinguer deux jours de deux siècles. Les moments les plus proches vous paraissent extrêmement lointains, tellement la situation évolue vite, tellement on fait de choses, tellement on voit de gens, tellement on n'arrête pas du matin jusqu'au soir de passer d'un sujet à l'autre, d'une réunion à l'autre, d'un format à l'autre, d'une priorité à l'autre, c'est quelque chose d'incroyablement vertigineux, et de déstabilisant.

Je sais aussi que nous rentrons dans une nouvelle phase, sans savoir ce qui nous attend.

Le Covid nous occupait déjà à plein temps, sept jours sur sept depuis plusieurs semaines. Mais, ce week-end nous a fait réaliser que ce que nous allons vivre n'est comparable à rien.

Nous trouvions déjà que nous étions confrontés à un incroyable défi avec les chiffres sur lesquels nous nous fondions jusqu'à présent, mais il nous semblait qu'il était à notre portée, même si cela serait difficile. Là, nous avons basculé dans des projections bien supérieures à tout ce que nous avions anticipé. Cela semble désormais hors de portée, non plus difficile mais impossible, mais nous n'avons pas le choix. Nous ferons tout pour ne pas être débordés.

Le vendredi à 15 h 30, j'avais le sentiment que nous contrôlions la situation.

À 16 h 30, après avoir reçu Renaud Piarroux et Éric Caumes, ma confiance s'était évanouie et j'avais le pressentiment que nous n'allions rien contrôler.

À 19 heures, nous commencions à réviser nos plans de bataille, en lançant pour le lendemain des invitations à tous les experts pour nous éclairer sur les perspectives et les solutions.

Toute la journée du samedi, nous lancions la mobilisation générale et faisions la liste de tous les problèmes à résoudre.

Le samedi soir, après avoir réuni une vingtaine d'experts – épidémiologistes, réanimateurs, infectiologues – nous avions confirmation que le scénario le plus crédible était celui du pire.

Nous avons terminé cette réunion vers 23 heures. Je suis rentré complètement perturbé, épuisé, mais il fallait tenir compte de ces nouvelles perspectives, les traduire, approfondir, et se préparer à des choses absolument invraisemblables.

Je me souviens d'un autre samedi matin, quinze jours plus tôt, où nous avions déjà adopté notre doctrine à l'émergence de clusters incontrôlés. C'était au moment où nous recevions les premiers patients de l'Oise et où nous avions vu les cas se multiplier à l'hôpital Tenon. J'ai l'impression que ça fait un siècle ou trois siècles.

*

Le dimanche matin, je recevrai ce message de l'un des participants, réanimateur :

« Ce matin au réveil : céphalées, fébricule et toux. Mon prélèvement est positif pour Covid-19. J'ai donc possiblement contaminé un certain nombre de personnes lors de la réunion d'hier, à commencer par X…, ma voisine, que j'ai appelée ce soir. Hier, je n'ai pas assez prêté attention aux signes qui s'installaient doucement et qui sont devenus vraiment parlants ce matin. Au-delà des sincères excuses que je vous présente, cela suggère que, même au siège, il faudrait dorénavant espacer les intervenants (un siège libre entre chaque personne) et porter des masques chirurgicaux lors des réunions. Vous côtoyez des cliniciens exposés, vous êtes donc vous aussi exposés.

Bien à vous. »

*

Mercredi 18 mars

On est donc mercredi 18 mars. Toujours cette difficulté à avoir des repères dans le temps, tellement les journées sont denses, tellement ça passe vite, tellement on n'a pas le temps de s'arrêter, tellement c'est la tourmente, ou une sorte de valse folle, à trois, quatre, cinq, mille temps. Ce matin, réunion dans un nouveau format de 8 h 30 à 9 heures, une demi-heure pour faire le point avec les hôpitaux. Il y a les directeurs, les présidents de communautés médicales, les directeurs médicaux de crise, pour confronter nos données. Notre angoisse ? Est-ce que les chiffres qu'on a sur le nombre de lits possibles collent avec une réalité... qu'il faut deviner ? Est-ce que le nombre de respirateurs qu'on a à l'inventaire correspond effectivement au chiffre réel, ou est-ce que ce sont des mauvaises données ? Il peut y avoir de mauvaises surprises. Ce soir, la bonne nouvelle c'est qu'on a trouvé dans un coin, dans un recoin, 3 millions de masques, les masques c'est la denrée rare, c'est ce qu'on cherche, c'est ce qui peut nous faire gagner la bataille ou pas. 3 millions de masques... 2,6 millions qui étaient dans la tour de l'AGEPS (Agence générale des équipements et produits de santé), cette tour que je connais bien, et 400 000 qui étaient quelque part à Cochin.

3 millions de masques… ça, ça fait la différence, ça nous donne de l'oxygène. Hier soir j'ai appelé l'un des responsables au ministère, j'étais désespéré. Sa dernière phrase a été : « Avec toutes ces histoires de masques, avec tout le boulot que ça me donne, je ne respire plus. » C'était presque comique, si ça n'était pas tragique. Et je me disais qu'on était un peu comme les généraux de la guerre de 40 qui disaient qu'il ne manquait pas un bouton de guêtre, mais il manquait des masques, c'est aussi dérisoire ou aussi pitoyable, aussi lamentable. Ce matin, ensuite, c'était la visite du président de la République à l'hôpital d'Avicenne, à Bobigny, au cœur de la Seine-Saint-Denis. Son cabinet m'avait fait savoir qu'il ne voulait aucun officiel, pour garantir un échange direct. J'avais bravé cet interdit, bien sûr. Je suis arrivé sur place, un membre du cabinet du président de la République m'a dit d'un ton pincé : « Vous êtes là, mais le président de la République souhaitait que vous restiez à votre poste. » J'ai répliqué du tac au tac : « Mais je suis à mon poste. » L'échange a été direct, conformément aux vœux du Président, et cette visite lui a permis de voir, pour la première fois je pense, des infirmières lui dire comment c'était quand des malades mouraient, sans proche, avec l'interdiction des visites, donc que ce sont elles les dernières à être auprès d'eux. On a parlé de

médicaments qui pouvaient manquer, et j'avais dit au Président que je voulais discuter des masques. Mais devant tous les autres, il m'a dit : « Mais Martin, tu voulais me parler des masques, parle-moi. » J'ai dit : « Mais j'y vais cash ? » – « Oui, oui, vas-y cash. » Je lui ai raconté pourquoi ça n'allait pas, pourquoi on risquait de perdre des infirmières : 15 % en Italie, combien chez nous ? Les infirmières demandaient des masques, elles ne demandaient pas de l'argent, elles demandaient des masques. Puis ensuite, en tête à tête, j'ai pu raconter dans le détail au Président les difficultés que nous rencontrions et nos craintes sur les approvisionnements. J'ai repris la métaphore de la guerre qu'il avait utilisée. Dans les guerres, il y a un ministre du ravitaillement, tellement c'est vital. Là, le ravitaillement ce sont les masques, les tubulures, le gel hydro-alcoolique, les respirateurs, les surblouses. J'ai compris que le message était bien reçu et ça m'a permis de remonter le moral des troupes, au retour avenue Victoria.

J'ai eu ensuite à vérifier avec Antoine Vieillard-Baron, Catherine Paugam et François Crémieux où on en était au niveau 1, niveau 2, niveau 3, niveau 4, face à l'augmentation, plus de 20 %, des patients en réanimation. Niveau 2 : 530 lits possibles pour avoir des malades à réanimer qui sont Covid. Niveau 3 : on doit le sécuriser bientôt. Et niveau 4 : on s'y met après si on dépasse les 1 000 patients en réanimation simultanément, en région Île-de-France. Une région qui s'est vidée de 17 % de sa population, avec le risque de dissémination dans d'autres régions.

14 h 30 : j'ai le coup de fil maintenant quotidien d'Anne Hidalgo. Chaque jour, elle appelle pour avoir des nouvelles, pour savoir comment ça va, pour encourager, pour faire part de ses problèmes et de ses suggestions. C'est bien. Valérie Pécresse appelle également régulièrement. Tant mieux, si tout le monde se révèle solidaire, intéressé, attentif.

On a eu aujourd'hui à gérer une engueulade entre les gens de la Pitié et l'équipe du SAMU. Du côté de la Pitié, on reprochait au SAMU de ne pas faire les transferts secondaires assez vite. Le SAMU ripostait qu'il avait été appelé à mauvais escient. On a fini par les mettre d'accord. Tout est très tendu.

Et puis, un long appel du directeur général de l'ARS dont le moral, comme le mien, était tombé dans les chaussettes aujourd'hui. On a l'un et l'autre appelé les responsables des cliniques pour savoir de combien de lits ils disposaient.

En même temps, il y a toujours ces élans de générosité avec des propositions désintéressées ou non – peu importe – d'entreprises qui peuvent nous aider et que nous nous efforçons de toutes accepter.

Aujourd'hui, les syndicalistes ont repris le boulot, les deux délégués de Sud ont dit qu'ils étaient infirmiers réa, qu'ils étaient prêts à reprendre du service, je trouve ça fabuleux, fabuleux. Quelle différence, tout change, tous les états d'esprit changent.

Dans la salle de crise ce soir, on avait des chocolats de Genin, un très bon chocolatier. Il avait 500 kg de chocolats sur les bras, puisqu'il a été obligé de fermer boutique. On a tout réparti dans les hôpitaux, mais on a gardé six boîtes pour nous, pour le siège, pour le centre de crise. J'avoue que c'était bon, un petit chocolat à la menthe ou aux amandes. Tout le monde a apprécié. Je crois que ça nous a fait du bien. Il y a des moments de très grande fatigue, mais je ne ferai plus comme hier où j'ai eu un accès de mauvaise humeur. Pour la deuxième fois j'ai engueulé un de mes adjoints. Cette fois, c'était sur les masques, encore les masques, toujours les masques. Il n'y était strictement pour rien. Bien au contraire : il avait passé la matinée à appeler tous les fournisseurs possibles et tous les industriels capables de se transformer en fabriquants de masque. Mais moi, j'espérais que le miracle se produirait.

Voilà pour ce soir, bonsoir.

*

Jeudi 19 mars

Bonjour ! Et bon courage pour la journée. Avant d'autres informations dans la journée, un message immédiat : Si vous êtes professionnel à l'AP-HP et qu'en allant au travail vous avez eu le PV, ne le payez pas, on s'occupera de régulariser tout cela. Et désolé, car je sais qu'il y a encore quelques difficultés. Amitiés

*

Nous sommes donc jeudi 19 mars. Ce soir, à 23 heures, j'ai reçu les nouvelles prévisions de Pasteur, qui montrent qu'on va monter beaucoup plus haut que les lits disponibles. C'est la première fois qu'on m'envoie des modélisations avec le nombre de lits, c'est quand même dingue.

Il y a également ce jour les amendements qu'on fait passer dans la loi d'urgence sanitaire : on a une heure pour faire des propositions ! On a réussi à rédiger deux amendements : un pour donner un cadre simple à notre système de télésurveillance ; un pour sécuriser les dons qui affluent, en adaptant le statut des fondations hospitalières.

On m'apprend qu'une aide-soignante est dans le coma. Je me renseigne : elle est en réa, stable, mais dans une situation extrêmement difficile : est-ce que ce sera la première soignante à mourir ? Je le redoute terriblement.

On a envoyé Benoît Vallet sur le front Est pour pouvoir regarder comment ça se passe ; lundi, il m'avait envoyé un SMS : « Cher Martin. La période est compliquée. Je me rendrai disponible si tu as besoin. » Je l'ai appelé immédiatement et je lui ai demandé s'il était prêt à partir dans le Grand-Est. Benoît est l'ancien directeur général de la santé. Il est anesthésiste réanimateur. C'est un renfort précieux. Il est surpris par la proposition mais accepte immédiatement.

Voilà pour ce soir. On sait que ça va être hyper dur maintenant, on rentre dans la zone la plus difficile, toujours ces mêmes oscillations, mais là je pense qu'on va cesser d'osciller vers le bon, ça va être tout le temps vers le difficile, je ne sais pas quand est-ce qu'on va en sortir maintenant. Comme dit François [Crémieux], on va devoir sortir les lits de camp. Voilà, bonsoir. Ah si, j'ai souri un moment quand Mathilde [ma fille] nous a envoyé un message sur messenger : « Vous pensez qu'il faut dissocier le pangolin de son œuvre ? », comme on dit pour Céline, pour Peter Handke ou Polanski.

VENDREDI 20 MARS

Bonjour,

Merci beaucoup pour vos nombreuses réactions au petit message que j'adresse le matin ! Elles montrent toutes un état d'esprit généreux, courageux, volontaire, et souvent de très bonnes suggestions, dont nous tenons compte.

Cela me permet de voir que certains d'entre vous ne savent pas encore que nous avons décidé la gratuité des crèches de l'AP-HP pendant toute la crise. Je suis sûr que cela pourra aider beaucoup d'entre vous.

On travaille à finaliser des services qui puissent vous être proposés pour vous aider pendant toute cette période. On vous en fera part dans des 7 à l'AP-HP [« Sept jours à l'AP-HP », lettre hebdomadaire devenue quotidienne pendant la crise].

Si vous vous voulez bien partager les informations avec celles et ceux qui n'ont pas ou ne consultent pas leur boîte mail. N'hésitez pas à afficher ce qui est informatif ou ce qui remonte le moral pour vos collègues. Et dans la matinée une note sur les masques, sujet sur lequel on a beaucoup travaillé hier.

Bon courage, bonne journée. Amitiés.

*

Bonsoir,

Dans les réactions à mon message de ce matin sur la gratuité des crèches de l'AP-HP, il y a plusieurs demandes concernant les crèches de la ville de Paris. La maire de Paris, Anne Hidalgo, auprès de laquelle je me suis fait le relais de cette demande, vient de me confirmer son acceptation. Les crèches de la ville de Paris ouvertes seront donc gratuites pour les enfants de soignants. Nous continuerons à faire la même démarche pour d'autres communes.

J'ai fait part également de la demande exprimée par certains d'entre vous concernant l'utilisation des Vélib. La présidente de Vélib, Catherine Baratti-Elbaz m'indique que les trajets des agents de l'AP-HP seront remboursés sur demande pour l'utilisation des Vélib. Les modalités seront définies plus tard, mais vous pouvez déjà compter dessus et j'espère que cela sera utile pour le plus grand nombre. Je les remercie en votre nom.

Les consignes sur les masques sont diffusées dans la foulée par un 7 à l'AP-HP spécial.

*

Aujourd'hui, vendredi 20 mars. Le 19 mars s'est terminé vers 23 heures ou minuit par l'envoi des projections Pasteur qui sont effrayantes, qui montent à 2 000, qui montent vite, qui glacent le sang. Aujourd'hui ça se confirme, ce soir on est à plus de 510 ou 515 patients en réanimation. On a dépassé la courbe la plus haute qu'on avait jusqu'à présent, avec quelques jours d'avance. Et on voit que ça risque d'être pire. J'aurai demain le récit de Benoît Vallet qu'on a envoyé à Mulhouse, qui m'a déjà passé un petit coup de fil pour me dire que c'était épouvantable, qu'il fallait des saturomètres par exemple, toute une série de choses effrayantes. Je ne sais pas si on est prêts ou pas prêts. Mais on passe tout de suite une commande de saturomètres.

J'ai pu donner un peu plus de masques aujourd'hui. J'ai eu une journée aussi, disons « diversifiée » que les journées folles de cette période. Une réunion de crise à Lariboisière où on se prépare toujours. Je suis à nouveau très admiratif de ce qui se fait : notamment impressionné par le professionnalisme du service des urgences. Ce service est l'un des plus complexes, des plus sensibles de Paris, avec en période normale un grand nombre de passages dans des locaux totalement inadaptés. Tout a été réorganisé pour pouvoir prendre les patients suspects de Covid. Personne ne se plaint. Tout est pensé et bien pensé. Tout le monde prend tout à cœur avec gravité bien sûr, mais avec une sorte de « bonne humeur ». J'hésite à utiliser cette expression qui pourra paraître choquante mais ici comme ailleurs, le sentiment d'urgence, la notion de défi, a un effet positif sur l'humeur. Il doit y avoir quelque chose qui se passe dans le cerveau : l'adrénaline doit déclencher la sécrétion de quelques neurotransmetteurs euphorisants.

Dans la journée, il y a aussi les trucs insolites : l'union des producteurs de bananes qui veut offrir des bananes à tous les soignants et qui me demande un interlocuteur pour organiser cela ; je comprends l'intention sympathique mais je me vois mal trouver quelqu'un pour assurer la logistique des bananes pendant qu'on est focalisé sur celle des respirateurs ! la médecin qui me demande comment faire, parce qu'on lui a volé son vélo : « Je me permets de vous demander si je dois faire des démarches particulières pour le vol de mon vélo personnel que j'ai constaté mardi 17/03 à 19 h 40. Je l'avais attaché sur un emplacement prévu dans l'hôpital Saint-Louis, j'ai gardé la chaîne sectionnée en preuve. En vous remerciant ». C'est cela oui, je vais certainement m'occuper de faire ses démarches pour déclarer son vol de vélo.

Ça, c'est l'effet secondaire des petits messages matinaux à l'ensemble des équipes. Mais c'est grâce à eux que j'ai eu l'idée de demander à Anne Hidalgo l'obtention de Vélib gratuit. C'est aussi ainsi qu'on a obtenu en un coup de fil les crèches gratuites de Paris pour les soignants.

On croule toujours sous les chocolats tellement les chocolatiers nous donnent leurs stocks. Ce sont des chocolatiers de bonne qualité, donc c'est très bienvenu... à part que ça fait un peu mal au cœur à force d'avoir des chocolats sur son bureau.

Sur mon bureau, il y a aussi le jeu *Pandemic* que j'ai installé : il faut bien avoir deux ou trois trucs pour se marrer au milieu des choses qui sont moins drôles.

Antoine Vieillard-Baron et Catherine Paugam sont absolument remarquables : ils sont dans leurs réanimations le matin et tous les après-midi ici en salle de crise à faire augmenter le nombre de lits de réanimation.

On fait nos déjeuners avec des distances tenues dans des grandes salles, à trois mètres les uns des autres. Depuis hier, on a le droit de manger chaud, et plus seulement des sandwichs. Je n'ai toujours pas utilisé mon lit de camp. La journée était sans interruption jusqu'au soir, où on souffle un peu à se raconter les choses. Et les courbes, les courbes, je vous les montrerai, toutes ces courbes effrayantes où on note maintenant demi-journée après demi-journée comment ça évolue.

Point presse qui a été fait avec quinze ou vingt journalistes : en substance, on n'a pas les respirateurs, on n'a pas les masques. Voilà, ça c'était pour ce vendredi 20 mars. Le temps se distend. Je me souviens, c'était il y a trois semaines qu'on faisait cette grande réunion un samedi matin (le 28 février ?)... Ça paraît être une éternité, c'est juste absolument invraisemblable ou incroyable de voir cela comme ça. Allez, bonsoir.

Samedi 21 mars

Bonjour,

La policière qui m'a gentiment et efficacement contrôlé sur le trajet ce matin, quand elle a vu ma carte, m'a chargé de vous dire à tous et à toutes « bon courage et merci », avec un immense sourire.

Vous avez vu ou vous allez voir qu'on a avancé sur les masques et que depuis hier, on est en mesure d'avoir une doctrine partagée sur toute l'AP-HP permettant de doter d'un masque chirurgical par durée de 4 heures toutes celles et tous ceux qui sont au contact des patients (ou des prélèvements), et de garder la doctrine d'usage des FFP2 recommandée par les hygiénistes. Tout est expliqué dans les fiches qui sont dans le 7 à l'AP et qui sont imprimables et affichables. Comme je le disais, on attendait d'avoir plus de sécurité sur nos stocks et nos flux pour généraliser cette consigne.

C'est donc fait.

Dans la foulée, je vous indique que l'indemnité « pour travaux dangereux » sera généralisée pour toute la durée de la crise. Je ne voulais pas le dire avant pour ne pas donner l'impression que c'était à la place des masques, mais cela nous paraît normal de le faire dans cette période exceptionnelle, sauf si un dispositif national est mis en place qui serait plus simple et au moins aussi avantageux.

Merci pour tous vos messages. Je ne réponds pas à tous mais je les lirai tous… Quand on aura un peu de répit.

Bon samedi.

Il y aura d'autres nouvelles pendant le week-end.

Amitiés.

*

C'est donc à ce moment-là qu'on généralise l'usage des masques à l'hôpital. Décision le 19 mars, applicable à compter du 20. Rétrospectivement, nous trouvons ça bien tard. À l'époque aussi. Nous avons attendu d'avoir plus de certitudes sur l'état des stocks.

Quand nous regardons la courbe de contaminations des soignants, on voit que c'est à partir de cette semaine-là que le nombre de contaminations commence à diminuer. Il diminuera continûment semaine après semaine. C'est l'effet combiné du confinement et du port de masques.

*

Samedi 21 mars, dure, très dure journée, les chiffres augmentent, et la journée commence par

Florence qui m'engueule, grosse crise. Elle craque et m'attaque au petit-déjeuner, parce que je ne me protège pas assez, que je la mets en danger et que je ne devrais pas aller dans les hôpitaux ! Du coup, je ne peux m'empêcher d'ouvrir la réunion téléphonique de 8 heures 30 en disant : « Moi, ce matin, je me suis fait engueuler par ma femme », un peu piteux de mettre exceptionnellement une touche personnelle dans une réunion de crise. Mais à ma grande surprise , tout le monde renchérit : « Moi aussi... Moi aussi... Moi aussi... par ma femme, mon mari, mon compagnon, ma compagne. »

Aujourd'hui, c'est également le sourire de la policière qui m'a contrôlé en me disant « Bon courage ». C'est rien du tout, mais ça m'a beaucoup touché. D'habitude on se fait arrêter et il faut se justifier ou baisser la tête. Et là c'est pour se faire encourager.

Encore et toujours, les difficultés à pouvoir faire des recrutements ; mais Valérie Pécresse nous aide pour les élèves des écoles infirmières, pour qu'on puisse leur donner l'équivalent d'un vrai salaire.

Un espoir : les 500 respirateurs qui doivent arriver de Chine, commandés par LVMH.

Un fou rire : c'est le directeur médical de crise qui dit d'un ton martial, « Ici, personne n'est syndicaliste, personne ne moufte, et ça tient », suscitant l'hilarité générale. C'est aussi Aurélien

Rousseau qui est allé assister à l'accouchement de sa compagne. Mais son fils, Abel, n'arrive pas à sortir ; c'est les masques, toujours ; c'est Benoît Vallet qui rentre de Mulhouse où il a passé quarante-huit heures, avec son rapport édifiant…

Mais, c'est surtout la panique sur les effectifs. Après la réunion de crise de 18 heures, j'ai le sentiment que nous n'allons pas y arriver. Comme chaque jour, on a fait le compte des lits qu'on devait ouvrir, mais pour les ouvrir, il faut suffisamment de personnel. Et depuis plusieurs jours, j'ai l'impression que ça patine.

Je me suis donc énervé. Très violemment. Nous nous sommes mis dans un petit bureau vide, avec les trois personnes sur lesquelles tout repose : Pierre-Emmanuel Lecerf, mon adjoint, Sylvain Ducroz, le directeur des ressources humaines et Hadrien Scheibert, qui a dirigé les ressources humaines dans nos hôpitaux de Seine-Saint-Denis, avant de rejoindre la direction des finances.

Je ne laisse aucun des trois parler. Je vide mon sac, mon gros sac d'angoisse. Je ne me contrôle plus. D'un côté, au fur et à mesure que je hausse le ton, je m'en veux terriblement de ne pas savoir garder mon sang-froid. J'ai l'impression d'être contre-productif et je voudrais être capable d'arrêter chaque mot avant qu'il ne sorte de ma gorge, mais sans parvenir à commander à mes cordes vocales. De l'autre côté, une petite voix intérieure me dit que je n'ai pas le choix et que cette colère est peut-être parfaitement injuste, mais qu'elle peut se révéler efficace.

Le cœur du problème est le suivant : nous savons que nous avons besoin de milliers de professionnels supplémentaires et nous avons une vision très précise des besoins. Mais, en pratique, les recrutements effectifs restent faibles. On m'explique toutes les difficultés rencontrées, elles sont réelles. Et je sais que chacun fait le maximum. Mais le maximum, s'il continue comme cela, ne va pas nous tirer d'affaires.

Alors, je demande qu'on change tout. je répète comme un robot, à chaque argument, il faut faire un « reset ». On reprend tout de fond en comble. Il y a dix personnes pour appeler les renforts ? faisons en sorte qu'il y en ait 200. On passe quelques centaines d'appels par jour ? Organisons-nous pour en passer plusieurs milliers. Il y a dix mille volontaires inscrits sur les plateformes de renfort ? Débrouillons-nous pour que tous soient appelés dans les trois jours. On compte sur les étudiants en médecine et les élèves des instituts de formation en soins infirmiers ? Arrêtons de les récupérer un à un et faisons-les basculer dans nos services par promotion entière. On travaille à la petite cuiller ? Sortons les grosses louches. Je crois que c'est la première fois depuis des années que je ne me suis mis en colère devant mes équipes de cette manière. Au bout d'une heure, nous décidons effectivement d'installer à Picpus une immense plateforme de recrutements, de faire des formations tous les jours, de changer d'échelle.

À la fin de la soirée, j'envoie un SMS piteux à Pierre-Emmanuel pour m'excuser, qui commence par « Je suis absolument mortifié ». Je suis terriblement angoissé de ne pas recevoir de réponse dans la foulée. J'ai conscience d'avoir été trop loin. Sa réponse, magnanime, me parviendra tard dans la nuit.

[Le dimanche, tout se met en branle. Pierre-Emmanuel, Sylvain, Hadrien vont faire preuve d'une efficacité extraordinaire. En tout, ce sont près de 10 000 personnes qui viendront en renfort. Mais, fin juillet, ils me reparleront encore de cette soirée cauchemardesque.]

Voilà, c'est une journée chargée, pas super, un peu compliquée, pour utiliser un euphémisme, avec plutôt des bas que des hauts. Et toujours le fait qu'on a dépassé la courbe maximale, on est au-dessus de notre hypothèse la pire, pour la première fois aujourd'hui.

21 mars, c'est vraiment pas le printemps. À bientôt.

Dimanche 22 mars

Bonjour,

En ce dimanche où beaucoup d'entre nous sont au travail, mais où une part aussi peut prendre un peu de repos, je voudrais vous dire que je pense aussi à vos proches.

Ce n'est pas facile d'être « proche », conjoint, enfants, parents – de soignants en période de Covid-19. Nous le savons, c'est une expérience que nous partageons tous. Les proches vous voient avoir des horaires encore plus impossibles que d'habitude, ils vous voient être exposés, ils se demandent s'ils sont eux-mêmes du coup indirectement exposés malgré le confinement, ils vous voient avec la fatigue. Ils nous voient aussi, soit ne pas arriver à parler d'autre chose quand nos proches voudraient qu'on soit attentifs à eux, soit ne pas du tout avoir envie du parler, quand ils aimeraient qu'on raconte pour partager. Et puis, certains proches de soignants, sont eux-mêmes soignants…

Bref, c'est une période difficile pour les soignants, mais difficile aussi pour les proches de soignants. Nous en avons conscience, nous leur tirons notre chapeau aussi et on va trouver des idées pour les aider un peu également.

Dans la journée, on sera en mesure de donner les premières lignes directrices pour l'usage des taxis et également confirmer qu'on avance bien pour votre nourriture à l'hôpital pendant la période de la crise.

Amitiés. C'est le premier jour du printemps, mais cela semble presque de l'humour de le dire.

Lundi 23 mars

Bonjour,

Je pense que nous avons tous eu une pensée pour les proches du médecin urgentiste de Compiègne dont nous avons appris le décès hier et tous été frappés par le message plein de dignité et de courage de sa fille.

À l'AP-HP, nous comptions hier soir depuis le début de l'épidémie, 490 personnels contaminés. Trois séjournent en réanimation. Pour un tiers d'entre eux (32 %), il s'agit de personnel médical, 15 % sont des IDE [Infirmières diplômées d'État], 11 % des techniciens de laboratoire et 8 % des aides-soignants, et le dernier tiers se répartit sur l'ensemble des professions hospitalières. Une part d'entre eux sont des contaminations à l'hôpital, une autre partie ont été contaminés en dehors de l'hôpital. Un travail approfondi est mené pour analyser l'ensemble des données et elles seront partagées.

Tout cela avec l'objectif d'avoir les meilleures protections, avec la disponibilité des masques, le lavage des mains, le travail des équipes d'hygiène hospitalière.

Nous continuerons à être transparents sur l'information, mobilisés sur la protection de l'ensemble des équipes, à l'écoute des difficultés, et solidaires.

Amitiés.

*

Lundi 23 mars. Je n'ai pas eu la force de m'enregistrer hier soir. Je me suis écroulé avant. Du coup, je le fais à la mi-journée.

L'actualité immédiate c'est la crise sur les respirateurs alors qu'on en avait commandé 90. Notre fournisseur, nous apprend qu'il n'a pas le droit de nous les livrer, parce que le ministère lui aurait interdit de les livrer, pour faire une répartition nationale. Je crains de revivre l'épisode des masques. J'appelle le cabinet du ministre, je fais un message au directeur de cabinet du Premier ministre pour essayer de récupérer ça. On est tous fous de rage, 90 respirateurs qui étaient importants. *[Je reviendrai plus tard sur cette question des respirateurs. Tout le monde essayait de faire au mieux.]*

La deuxième chose, c'est la course sur les infirmières, on sait maintenant qu'il va nous manquer 2 700 infirmières : on a fait le calcul du nombre de lits à ouvrir, du ratio d'infirmières nécessaires et la réalité est implacable : 2 700.

Déjà, on n'arrivait pas, il y a peu de temps, à faire fonctionner nos hôpitaux quand il nous manquait 500 infirmières. Il y a quelques mois encore, avec mes adjoints, nous appelions nous-mêmes, un à un, une à une, les élèves qui finissaient leur scolarité pour les convaincre de venir travailler chez nous, laissant des messages sur les répondeurs pour leur demander de nous rappeler. Est-ce que la stratégie de guerre qu'on a élaborée samedi soir dans la plus grande douleur va porter ses fruits ? En tout cas, je n'ai plus de raison de m'énerver. En quarante-huit heures, tout a changé dans notre manière de faire et je sais que nous faisons l'impossible.

C'est aussi le sujet du médecin qui est mort hier, le message d'aujourd'hui que j'ai fait à tous, c'était : « Nous savons que nous pouvons mourir. 490 agents de l'AP sont aujourd'hui contaminés, dont 32 % d'ailleurs de médecins. » Hier j'ai envoyé le message sur les proches pour expliquer que je savais combien c'était dur pour les soignants, mais que c'était dur aussi pour les proches de soignants. Et des centaines de personnes m'ont répondu dans la minute pour me dire que j'avais bien compris ce que pensaient les uns et les autres. Ce sont des journées que vous ne pouvez pas imaginer, où on n'arrête pas, où quelques fois on s'aperçoit qu'il est 12 h 30 quand arrive la première minute de liberté, la première minute pour souffler, la première minute tout simplement pour aller pisser. C'est les mails les uns après les autres, les listes qu'on se fait de priorités et qui sont remplacées par d'autres listes de priorités, et puis essayer de garder la tête froide, alors qu'on n'arrive pas à avoir la tête froide. C'est aller jusqu'à se demander si on envoie les jeunes au front, parce que les jeunes sont moins susceptibles d'être gravement malades que les autres, c'est la folie, folie, folie sur Plaquénil, Didier Raoult, tout d'un coup tout le monde qui se met à penser que la chloroquine va les sauver, le désordre, plus personne ne contrôle, comment on peut faire cela ? C'est TF1 hier soir à 20 heures pour essayer de faire passer les messages que tout est bien géré. C'est donc ce paradoxe de n'avoir rien sous contrôle et d'essayer de montrer que tout est sous contrôle, les deux sont vrais, si je puis dire, parce que nous restons persuadés que nous n'en serons jamais réduits à devoir faire des choix entre malades et que le contrôle ne nous échappera pas vraiment. Voilà, c'est tout cela l'actualité. On est le 23 mars et il est 13 heures. On va aller à la popote pour essayer de bouffer quelque chose. On a interdit les salles de garde partout, mais nous, on a reconstitué notre salle de garde où on peut aller faire chauffer notre petit plat, et ça, ça fait du bien. À bientôt.

Mardi 24 mars

Bonjour,

Tout d'abord, vous allez recevoir tout à l'heure le lien vers la plateforme de services pour les transports, l'hébergement, et différents services qui facilitent la vie quotidienne ; elle sera évolutive pour intégrer de nouvelles offres. J'espère que ces services vous seront utiles. Je sais que toute aide est bienvenue, pour épargner le temps et la fatigue, autant que possible. Mais soyez sûrs qu'on fait tout pour vous aider à aider. Dans ces services, certains traduisent ce que le gouvernement met en place ou soutient, certains ce que l'AP-HP a mis en place elle-même, certains ce que des partenaires nous mettent à disposition ou nous offrent.

Au-delà des applaudissements de 20 heures, il y a un élan de solidarité vers l'ensemble des soignants en général, et vers l'AP-HP en particulier. Des milliers de personnes ont fait des dons, petits ou gros ou très gros vers notre fondation ; celle-ci est désormais autorisée à ce que les dons soient consacrés non seulement à la recherche mais aux soins ; beaucoup d'entreprises nous proposent de l'aide, en matériels, en volontariats, en services ou en dons. Ceci ne se substitue pas à l'effort public mais ces aides sont utiles et complémentaires de tous les autres efforts et nous faisons en sorte qu'elles puissent se traduire vite en soutien pour vous tous.

Un mot aussi sur Chloroquine/hydroxychloroquine, sur lequel vous devez être assaillis de questions ou vous en poser. La position de l'AP-HP, c'est de contribuer à tout ce qui peut être fait dans une logique de recherche, sur ce produit comme sur les autres, pour ne pas nuire à d'autres pistes, pour ne pas prendre de fausse piste, pour ne pas rater de bonnes pistes ; en allant vite, mais en avançant avec méthode, ce qui est la meilleure garantie pour les patients.

Amitiés.

*

On est mardi 24 mars, il est 17 h 09. Alors que l'AP a réussi à accomplir sa débureaucratisation en quatre jours, on a l'impression que d'autres ont fait une « surbureaucratisation » en un rien de temps, alors que, les uns et les autres, on partait chacun d'un niveau de bureaucratisation élevée. Après le soluté hydroalcoolique, après les masques, maintenant ce sont les respirateurs qui sont bloqués dans des systèmes totalement ubuesques. L'un des dirigeants d'Air Liquide me dit que c'est le ministère qui bloque, le ministère me dit qu'il ne bloque pas et qu'au contraire, il s'occupe de prioriser les régions les plus sollicitées, dont la région Île-de-France. Et moi je n'ai pas de respirateurs disponibles, alors que le nombre de patients augmente considérablement dans notre région. *[Ce sont mes impressions à chaud sur les respirateurs. Nous avons passé beaucoup d'heures et beaucoup de coups de fils, sans qu'aucun des protagonistes ne sache qui avait raison. Nous étions sûrs d'avoir passé des commandes, avec des dates de livraison assurées. On nous a fait valoir que nos premières commandes avaient été bien honorées et que ce nous considérions comme un « dû » étaient des commandes plus tardives sur lesquelles aucun engagement ferme n'avait été pris, et que donc je m'énervais à tort. Il était également normal qu'on se préoccupe des deux régions concernées et qu'on s'assure que les respirateurs arrivent bien dans la région Grand-Est.* In fine, *nous n'aurons pas manqué de respirateurs et nous avons pu équiper toutes les unités que nous avons ouvertes.]*

À midi, on avait franchi les 1 000 patients en réanimation dans la région Île-de-France, dont la moitié chez nous, à l'AP-HP. On a aussi Covidom qui marche avec 10 000 patients qui sont inscrits aujourd'hui. On a la satisfaction d'avoir réussi à monter rapidement avec la Fondation de France et l'Institut Pasteur « Ensemble contre le virus », pour éviter de faire de la concurrence et de la surenchère sur les dons, mais plutôt de faire front commun. Justement, nous avons reçu le don de 2 millions d'euros de la famille Dassault, par exemple, qui est arrivé, et que nous décidons de consacrer principalement à l'accélération de l'équipement d'un nouveau bâtiment à l'hôpital Henri-Mondor. Il tombe à point nommé et fait suite à un coup de fil spontané sur le mode « Peut-on vous aider ? » Toute une série de choses positives comme cela. Là on est en situation qui est dure, de course de vitesse, il faut avoir conscience qu'on compte nos lits disponibles, qu'on voit notre avance et nos réserves être grignotées. J'ai l'impression d'être comme Cyrano de Bergerac qui lance son aimant en l'air, assis sur une assiette en fer, en pensant ainsi, jeté après jeté, atteindre la lune ! Nous, on est le Cyrano des lits de réanimation : plus on en ouvre, plus il y a de patients pour nous rattraper, et plus la lune reste loin ! Et quand on a des lits, il faut alors des respirateurs. Et quand on a les respirateurs, il faut qu'on ait le personnel. Et quand on a le personnel, il faut qu'il y ait les médicaments. Course pour ouvrir les lits, course pour recruter, course pour s'approvisionner. Il faut avoir conscience de ces courses contre la montre, de l'instabilité assez forte qui ne doit pas se voir, qui ne doit pas apparaître. Des papiers partout avec des choses inscrites à faire, les derniers chiffres, les dernières données, les dernières simulations, les derniers problèmes, les uns après les autres, les mails qu'on n'arrive plus à lire tellement ils sont nombreux, donc différents dispositifs de corde de rappel pour qu'on ne rate pas des informations essentielles – pourtant on en rate, dont certaines sont particulièrement utiles. On reçoit beaucoup de messages : certains sont saugrenus mais les messages de reconnaissance ou de solidarité sont importants. D'autres vous énervent tellement qu'on aurait préféré ne jamais les lire. Et certains mettent crûment en évidence cette discordance entre ceux qui travaillent seize heures par jour et ceux qui vous expliquent comment ils ont besoin de s'occuper, ou comment ils profitent de leur résidence secondaire, ou à quel point ils sont choqués parce qu'on leur demande de prendre leurs RTT.

Mais aujourd'hui, le fait marquant c'est le petit document que nous font parvenir à 16 heures Pierre-Yves Boelle et Renaud Piarroux. Le titre est anodin « Analyse des données Covid-19 – Extraction de l'Entrepôt de données de santé (EDS) du 23 mars. SIVIC 22 mars. Version du 24 mars ». Cinq pages de colonnes, de graphiques, de courbes et de chiffres, et de savants calculs. Et ce petit message d'accompagnement : « *En fait, pour ce qui est des tous prochains jours, les modèles vont tous dans le même sens avec un grand nombre de patients admis en réanimation entraînant la saturation du système à très brève échéance (sauf à ouvrir pratiquement 100 nouvelles places en réanimation par jour). Plus tard, à mesure que les effets des mesures de confinement seront perceptibles, la courbe épidémique va s'infléchir. Le problème pour anticiper dès maintenant la date du pic (et son intensité) est que l'impact des mesures sur la transmission du virus reste difficile à quantifier. C'est ce que montre le modèle de l'équipe de Pasteur avec des résultats très différents selon qu'on prend une hypothèse favorable ou défavorable. Quoi qu'il en soit, dans tous les cas, les capacités d'accueil en réanimation seront dépassées.* »

Voilà, maintenant on sait qu'on risque d'être fichus. Je pensais jusqu'à présent qu'on pouvait passer, mais non. J'ai relu dix fois cette phrase terrible. Il aurait pu mettre un conditionnel au moins pour nous donner un peu d'espoir.

Après ce message, on se parle beaucoup avec Aurélien. On se dit tous les deux qu'on doit déclencher quelque chose, rapidement, pour sortir de la nasse.

Le début de la réunion de crise de 18 heures, c'est direct : « Alerte majeure sur la trajectoire en réanimation. Augmentation considérable du nombre de patients. »

Le message de 22 heures de l'agence régionale de santé à tous les hôpitaux est encore plus clair : « Vu la situation épidémique dans laquelle nous sommes rentrés et les évolutions de la situation (plus de 4 000 malades covid19 hospitalisés ce soir dont plus de 1 000 en réanimation en Île-de-France, avec une progression journalière de 400 malades), nous devons anticiper très vite une potentielle saturation du système de soins beaucoup plus forte et à plus court terme, ce qui nous oblige à réagir collectivement dès maintenant. »

En d'autres termes, à ce rythme-là, c'est dans trois jours que nous dépassons nos ultimes limites.

Voilà. À bientôt.

Mercredi 25 mars

Bonjour,

Toutes mes excuses pour ce message quotidien plus tardif que d'habitude ! Ce n'est pas pour cause de grasse matinée…

J'ai commencé tôt ce matin, en m'efforçant de m'exprimer en votre nom à tous, et face à une situation qui continue à s'accélérer, par un appel sur la radio publique à la mobilisation pour que tout soit fait pour nous permettre de faire face : matériels, médicaments, renforts humains, soutien et reconnaissance.

Nous savons que les jours qui viennent vont être cruciaux.

Cet appel, je pouvais d'autant plus le faire que je sais que vous donnez tous le meilleur de vous-mêmes. Dans cette phase où l'on doit pouvoir compter sur tous, et où les organisations s'adaptent du jour au lendemain, nous essayons de faire qu'il y ait le moins de frottements possible, pour que tous puissent jouer un rôle utile.

J'en profite pour dire ou redire que, au-delà du mot « soignant », c'est toute la communauté, tous les métiers qui sont inclus. Agents, techniciens, informaticiens, logisticiens, ouvriers, équipes administratives – pardon si mon énumération est incomplète – sont aux côtés de celles et ceux qui portent des blouses blanches et font des prouesses aussi, avec compétence et générosité.

Je vous souhaite une bonne journée.

Amitiés.

*

25 mars, la journée a commencé par l'appel à France Info à 7 heures 10. En substance, le message était simple : « Avant, j'avais une visibilité sur les dix jours qui viennent, puis sur la semaine. Désormais, je n'ai plus de visibilité que pour les trois prochains jours. Je veux des assurances, j'appelle à l'aide, la situation est critique. »

Il a fait pas mal de bruit toute la journée. Beaucoup de réactions. J'avais prévenu hier soir Aurélien, au cours de nos multiples échanges, que je n'allais pas être un robinet d'eau tiède. À 6 heures 38, après une nuit sans sommeil, j'avais envoyé un SMS à Vincent Giret, le directeur de France Info : « Attention, je vais y aller deux tons plus haut que les dernières fois car le moment est crucial +++. Besoin de relais. » Il m'a répondu dans la foulée « On est là. » Il fallait frapper un grand coup.

Ensuite, grosses tensions avec Aurélien sur la participation des cliniques, sur comment on élargit le nombre d'établissements qui prennent des patients graves, comment on pilote. *[Nous avons eu beaucoup de débats sur la manière dont on mobilisait l'ensemble des établissements. Aurélien Rousseau a pris la décision de faire une conférence téléphonique avec tous les établissements de la région, publics et privés et de les pousser dans leurs retranchements, en leur demandant d'afficher chacun le nombre maximal de lits de réanimations qu'ils pouvaient ouvrir. C'était un peu comme une enchère. Et au fur et à mesure nous faisions les additions. Nous avons été presque surpris à la fin d'atteindre les mille lits supplémentaires. Mes équipes et moi, nous étions un peu dubitatifs sur la crédibilité de ces engagements et nous craignions que l'exercice fut un peu artificiel. Nous aurions préféré que le personnel des établissements plus petits nous soient affectés pour ouvrir davantage de lits. Finalement les engagements auront été tenus et la stratégie du directeur général de l'ARS était la bonne.]*

Beaucoup de mots d'amour des équipes, toujours incroyables, en réponse à mon message du matin. Un échange grave et sincère avec Olivier Youinou, le syndicaliste de Sud qui a remis la blouse et qui m'a dit qu'il y avait des gens qui ne travaillaient pas beaucoup et qui pourraient travailler plus si on les mobilisait correctement. Une journée tendue, les respirateurs, toujours, qui m'empoisonnent, avec les difficultés qu'on va avoir pour les retrouver. On a passé le cap des 1 000 malades, hier en Île-de-France, et ça augmente toujours de 150 par jour. Les courbes se croisent, les prévisions épidémiologiques sont implacables… tout cela est bien difficile… Et l'équipe est toujours au taquet, comme on dit, solidaire, c'est incroyable. Ce matin, j'ai demandé aux anesthésistes et aux réanimateurs comment ça se passait avec leurs enfants, leurs familles, en réalisant qu'ils pouvaient, eux aussi, avoir d'autres préoccupations, que de se battre tout le temps pour équiper davantage d'unités de réanimation. Tout ça est fraternel. À bientôt.

Samedi 28 mars

Bonjour,

Toutes mes excuses pour le décalage encore de ce message quotidien. Il vous arrive au milieu d'une journée que je sais bien chargée ; je pense que beaucoup d'entre nous n'ont même pas eu le temps de voir que le ciel est tout bleu !

J'ai été ce matin au service de réanimation d'Ambroise-Paré, saluer l'équipe. Elle est comme toutes, à fond, à prodiguer les meilleurs soins à des patients lourds, à se projeter dans l'ouverture de lits supplémentaires, à s'entraider. Je suis passé aussi au service des urgences qui ne chôme pas, c'est le moins qu'on puisse dire. Je ne peux malheureusement pas être dans tous les hôpitaux, dans tous les services, mais je continuerai à venir en voir le plus possible entre deux cellules de crise.

Je viens de voir à Picpus ceux qui suivent les formations express pour renforcer les équipes de soins : il y avait des médecins de l'AP-HP, des médecins-chercheurs de nos équipes, y compris des IHU *[Institut hospitalo-universitaire]*, des étudiants en médecine, des médecins libéraux, des médecins de l'industrie pharmaceutique. Ils sont hyper motivés, et beaucoup d'entre eux vous rejoindront aujourd'hui ou demain. Chaque jour, une centaine d'entre eux vient ici pour renforcer les équipes de soin.

Dans les salles d'à côté, une cinquantaine de volontaires sont là pour rappeler tous les inscrits sur la plateforme « renfort-Covid », vérifier compétences, expériences et qualifications, et pouvoir les affecter le plus rapidement possible dans les hôpitaux. Leur travail est indispensable pour que ce soit les bonnes compétences qui arrivent. Ils seront là tout samedi, tout dimanche et nous continuerons dans les jours qui viennent.

Donc, oui des renforts arrivent pour vous aider, et le rythme auquel ils arrivent va s'accélérer.

Amitiés.

*

Samedi 28 mars, journée éprouvante, encore. Depuis hier, il y a le feuilleton des transferts hors Île-de-France, qui mettent tout le monde en transe, Aurélien Rousseau, Bruno Riou, Pierre Carli [le directeur du SAMU de Paris], pour qu'on conjugue les TGV et les déplacements héliportés. Il faut dire que c'est délicat à faire et que c'est une première. Il y a Philippe Juvin qui, de son côté, veut envoyer des patients dans les autres pays d'Europe. Voilà, donc il y a une sorte de folie sur ces évacuations, alors que l'inquiétude grandit au fur et à mesure qu'on voit fondre l'écart entre le nombre de lits disponibles et le nombre de patients qui affluent. La Seine-Saint-Denis est quasi saturée. *[Je décris ici une forte tension autour des évacuations sanitaires. Il faut mesurer la complexité de ces opérations particulièrement délicates à organiser. Chacun avait conscience de l'enjeu. Si elles se passaient mal, on nous le reprocherait. L'origine du principe des trains remonte aux attentats de 2015 et aux retours d'expérience de l'époque. Les attentats avaient conduit à la prise en charge d'un très grand nombre de blessés graves à Paris, environ 300, qui avaient pu être tous pris en charge dans les hôpitaux de la région pendant la nuit du 13 au 14 novembre. Des hélicoptères avaient été mobilisés au cas où nos capacités seraient dépassées par d'autres attaques dans la nuit, ce qui n'avait, heureusement, pas été le cas. Ces événements avaient donné lieu à de nombreux retours d'expérience et à la refonte des plans blancs pour tenir compte de différentes hypothèses inspirées par ces drames. À cette occasion, nous nous sommes demandé ce qui se passerait si des attentats provoquaient de nombreux blessés dans une ville où les capacités de réanimation seraient moins concentrées qu'à Paris et il en est résulté un travail sur des évacuations sanitaires de grande ampleur, notamment avec des trains. Des exercices avaient donc eu lieu depuis pour préparer de telles opérations. Il n'y avait aucune improvisation.*

Mais l'angoisse tenait surtout au fait de préempter des capacités dans d'autres régions françaises. Nous avions vu à quelle vitesse les réanimations pouvaient se remplir. Ce qui nous rendait tous nerveux, c'était ce dilemme terrible : soit voir l'inéluctable débordement de nos réanimations et se trouver confrontés à l'horrible obligation du tri, soit organiser ces opérations, délicates, avec le risque de remplir des réanimations dans des régions qui pourraient être confrontées quelques jours plus tard à la vague. Nous avions tous conscience de la gravité de ce choix et personne ne pouvait se sentir complètement à l'aise. Mais une fois que le choix a été fait, il fallait le faire de manière résolue et très professionnelle.

Quatre mois plus tard, nous avons quelques certitudes que nous n'avions pas à l'époque :

1 – Les régions où nous avons transféré des patients n'ont pas connu de saturation et n'ont pas eu à gérer de « concurrence » entre les patients d'Île-de-France et les patients locaux ;

2 – Les évacuations, dont le nombre a été un peu inférieur à 300, ont sauvé des vies, en évitant le débordement dans les hôpitaux d'Île-de-France. Sans elles, nous aurions eu des pertes de chances pour les patients ;

3 – Il n'y a aucun élément pour établir une « surmortalité » des patients transférés et un suivi a été mis en place pour pouvoir analyser chaque cas de transfert.

4 – Dans les délais impartis, nous n'aurions pas pu ouvrir de capacités supplémentaires en Île-de-France.

Ce dernier point est très important. Si à l'AP-HP, nous savions précisément ce qu'il en était, il y a eu des critiques externes : pourquoi ne pas ouvrir en urgence un « hôpital de campagne » ? pourquoi ne pas rouvrir l'Hôtel Dieu et le Val de Grâce ? Mais, il ne s'agissait pas de véritables alternatives et ceci pour trois raisons majeures : un hôpital de campagne, c'est environ 30 lits de réanimation et notre besoin était autour de 300 ; il ne fallait pas un mais 10 hôpitaux de campagne, sur le modèle de celui qui a été ouvert à Mulhouse ; installer un hôpital ou reconvertir un hôpital existant, cela ne se fait pas en quelques jours, mais en deux ou trois semaines, délai trop long par rapport à l'urgence à laquelle nous faisions face ; et surtout, il fallait pour cela des équipes complètes, avec des centaines de professionnels et nous avions déjà eu des difficultés pour mobiliser ceux qui nous avaient permis de tripler nos capacités et il aurait fallu autoritairement « dégarnir » les forces mobilisées dans les autres régions, ce qui les aurait rendu elles-mêmes vulnérables.

Il sera bien évidemment important de mener de manière précise et complète le retour d'expérience de ces évacuations sanitaires, mais tout pousse aujourd'hui à penser qu'elles ont été salutaires et remarquablement organisées. Le plus délicat était probablement le choix des malades qui a été fait par des médecins, pour que les malades ne soient pas les plus instables, mais relèvent cependant de la réanimation pour que l'effet sur les capacités disponibles soit immédiat. Bien évidemment, l'accord des familles a été demandé et obtenu systématiquement et on peut rendre hommage à ces familles qui ont accepté un geste altruiste.

Si ce sont les trains qui ont été les plus visibles et les plus spectaculaires, la majorité des évacuations a été faite par route ou par voie aérienne.]

Des choses extraordinaires se mettent en place. Le bâtiment Picpus dans lequel j'étais une bonne partie de la journée est transformé en une sorte d'immense ruche où tout le monde s'affaire : d'un côté la plateforme Covidom, d'un autre la plateforme où des volontaires appellent d'autres volontaires. Mais également, l'amphithéatre où se fait la formation express. Il y a quelque chose de très émouvant à voir tous les médecins qu'on forme pour devenir infirmiers, comme Marina Cavazzana, grande chercheuse, qui va partir comme infirmière au fin fond de la Seine-Saint-Denis, pour soutenir les équipes. Et d'un autre côté encore, on a la cellule de régulation où les chirurgiens, aujourd'hui c'était Garabedian, Bodaghi et Vibert *[le premier, chirurgien ORL à Necker, le deuxième, chirurgien ophtalmologue à la Pitié, le troisième, transplanteur hépatique à Paul Brousse]* et quelques autres qui sont là pour faire la régulation, pour faire en sorte que les places de réanimation soient bien réparties.

Plus tôt dans la matinée, j'étais passé à Ambroise-Paré dans un service de réanimation pour voir les équipes, et notamment Antoine Vieillard-Baron : il fait partie des grandes révélations de cette période. J'ai longuement parlé avec la cadre de son service. Elle était au bord des larmes, épuisée de fatigue. Aucune plainte, mais on sentait qu'elle allait au-delà de ses forces. Je lui ai demandé quels horaires elle avait : au moins 12 heures par jour sept jours sur sept, sinon plus. Normalement les cadres n'ont pas de rémunération pour les heures supplémentaires parce qu'ils sont ce qu'on appelle au forfait. Évidemment, ce n'était pas compatible avec un tel rythme de travail et ce n'était pas normal. En rentrant, j'ai demandé qu'on déroge à la règle pour l'ensemble des cadres et qu'on octroie des heures supplémentaires ou une prime correspondant à ces heures faites en plus. Cela n'enlèverait pas la fatigue, mais au moins, cela serait moins injuste.

Il paraît que le Premier ministre a annoncé des mesures. Nous on se sent complètement coupés de tout, on ne regarde plus la télé, on n'a plus le temps de lire les journaux, on est en fait les derniers informés, parce que tout le monde, tous les gens confinés voient tout, et nous on a le nez sur le guidon. C'est complètement paradoxal, on est finalement les moins au courant de ce qui se passe dans le monde, ce qui se passe en France, quelles sont les mesures prises, quelles sont les annonces, quelle est l'évolution des chiffres et des données, c'est très bizarre. Alors qu'on est au cœur du truc, on est les plus déconnectés. Il faudrait décrire cette vie dans laquelle des heures entières s'enchaînent sans qu'on puisse s'arrêter, faire une pause, réfléchir à autre chose. Cette manière dont on est bombardés d'éléments, de sollicitations, à tout moment, c'est vraiment vertigineux, comme si le cerveau était en ébullition à 300 °C en permanence, et on se dit : « Qu'est-ce que je laisse passer ? Est-ce que je laisse passer des messages, des mails, des appels... ? »

Hier c'était celui d'Axel Dumas, le patron d'Hermès, pour un don de 20 millions d'euros, le plus gros don dont j'ai jamais bénéficié dans ma vie de demandeur d'argent. Et j'ai failli l'envoyer promener ! C'était vendredi soir. Quand je suis rentré, Florence m'a dit que notre amie Alice Dumas voulait que je la rappelle, même tard. Mais il était vraiment très tard et j'étais crevé. Je n'avais aucune envie de passer un coup de fil à minuit. Mais Florence a insisté et j'ai appelé Alice. Très sympa, prenant des nouvelles, puis me disant : « Axel a entendu ton appel à l'aide à la radio. Et il a proposé à la famille de t'aider. Il faudrait que tu lui téléphones parce qu'il voudrait vous faire un don de 20 millions d'euros. » J'ai répondu : « Ah très bien, mais là je suis épuisé et en ce moment je suis très occupé. Je ne crois pas avoir le temps de l'appeler. Mais s'il veut vraiment me joindre, tu peux toujours lui donner mon numéro et qu'il essaye. » Et j'ai raccroché.

Florence me faisait des grands signes : « Tu es fou ou quoi ? Tu aurais pu dire merci. » Là j'ai réalisé. En fait, j'étais tellement fatigué, que je n'avais pas compris de quoi il s'agissait. Je me suis excusé et je l'ai appelé samedi. Il m'a confirmé l'énormité du don. Cette fois je l'ai remercié, mais il m'a demandé ce que je voulais en faire et je n'avais pas d'idée précise, ni le temps d'y réfléchir. Dans la nuit, je lui ai fait un message avec plein de propositions. Je me suis dit que ce dont nous avions le plus besoin, c'était de pouvoir payer plus de formations pour les aide-soignants qui veulent faire l'école des soins infirmiers.

En cette période, on découvre le caractère des gens. Il y a ceux auxquels il faut remonter le moral. Il y a ceux qui vous remontent le moral, il y a ceux qui se révèlent pleins d'humour comme Bruno Riou, alors que d'habitude, il fait partie de ceux qui ne font jamais rire et qui ne font jamais une plaisanterie. Là, il m'a envoyé la lettre de Wellington au gouvernement anglais, où, avec un humour très british, il explique qu'il doit leur rendre des comptes sur l'utilisation de la confiture alors qu'il doit batailler contre l'armée de Napoléon. Toute ressemblance avec une situation actuelle serait purement fortuite...

Il y a tous ceux qui veulent se rendre utiles. Il y a cette plateforme de renforts. On y trouve de tout. À la fois des infirmiers(ères), anesthésistes qui peuvent démarrer tout de suite et puis des Congolaises qui disent qu'elles sont prêtes à aider : il suffirait qu'on leur donne des papiers, qu'on leur paye un billet d'avion et une formation d'infirmier !... Plein de trucs qui peuvent faire rire, si ce n'était pas tragique... Et puis il y a toutes les questions qu'on se pose : est-ce que la France a été bonne ou pas, finalement ? Et probablement pas. Et c'est un peu désespérant de se dire qu'on a beaucoup de moyens, on a beaucoup de savoir-faire, qu'on se vante beaucoup de notre expertise, alors qu'en fait on gère mal cette crise et qu'on aurait pu éviter des morts, des désordres. Est-ce que les Coréens sont bien meilleurs que nous ? Peut-être... Est-ce que les Allemands sont bien meilleurs que nous ? Peut-être... Voilà, c'est un peu le côté pénible. Et puis, à enchaîner les choses, elles s'effacent les unes après les autres. Voilà. Yazdan Yazdanpanah est malade, Emmanuel Martinod est malade, Florence est malade. Elle s'est inscrite sur Covidom, juste au moment où Covidom était en panne, mais je crois que je l'ai bien signalée à l'équipe pour que... je ne sais pas pourquoi, probablement juste pour qu'on s'occupe d'elle. À bientôt.

Dimanche 29 mars

Bonjour,

Petit message de dimanche matin, en espérant que le passage à l'heure d'été n'a pas été trop perturbant, pour celles et ceux pour lesquels cela a été une heure de repos en moins, au moment où toutes les heures comptent.

J'imagine que comme moi, vous avez perdu un peu la notion du temps, en cette période où l'on est entièrement consacré sur un seul objectif : tenir du mieux possible pour sauver le plus de vies possible. Je m'aperçois par exemple que cela fait exactement deux semaines, quatorze jours, que je vous adresse ces messages quotidiens et que je reçois vos milliers de réponses. Mille excuses et mille mercis à nouveau à celles et ceux auxquels je n'ai pas répondu individuellement.

Je pense aussi au jour où je pourrai vous adresser un message pour vous dire que la situation commence à s'améliorer, que le nombre total de malades dans nos lits n'augmentera plus. Ce n'est pas encore le cas du tout, mais je suis aussi impatient que vous de pouvoir le partager avec vous.

Je voudrais enfin, ce matin, partager avec vous cette certitude, cette intime conviction, que nous saurons ensemble garder de cette longue et profonde épreuve tout ce « meilleur » que nous sécrétons collectivement. L'AP-HP d'après ne fonctionnera pas comme l'AP-HP d'avant. Sachez donc qu'aucun de vos efforts actuels ne sera vain. Nous sommes aussi en train de nous transformer profondément, durablement, positivement. Nous en reparlerons. Mais cela ne fait aucun doute.

Amitiés.

*

Aujourd'hui la journée s'est conclue avec Aurélien Rousseau par une visite des hôpitaux en Seine-Saint-Denis submergée de malades. Inquiétante, cette visite des hôpitaux… Tournée crépusculaire, comme une veillée d'armes avant une journée extrêmement difficile. Avicenne à Bobigny, l'hôpital de Montfermeil, la clinique du Vert Galant au Tremblay. À Avicenne, le service de chirurgie orthopédique est devenu unité Covid et personne ne râle. Le réanimateur nous reçoit dix minutes dans le SAS de son service. Pas plus. Il a beaucoup à faire. À Monfermeil, la directrice des soins vient de mourir du Covid. Les protections manquent. Il y a une toute jeune anesthésiste qui tient tout. Impressionnante.

Même si cette tournée est dure, elle montre que tout le monde est sur le pont. AP-HP, hors AP-HP, public, privé : on a le sentiment d'une même communauté et non plus de rivaux. Ils font face aux mêmes difficultés, font preuve de la même solidarité, se donnent avec la même abnégation.

Ce matin j'avais fait appel aux cliniques privées pour avoir du renfort. J'ai passé un coup du fil au patron de la fédération de l'hospitalisation privée. Il m'a promis qu'il préviendrait toutes les régions et que, oui bien sûr, il me trouverait des infirmières. Trouver des infirmières, pour ouvrir des lits, ouvrir des lits, ouvrir des lits…

Après Axel Dumas, aujourd'hui, c'est Anne Roumanoff et ses paravents : une cadre de Bichat qui lui a écrit qu'il lui manquait des paravents, et Anne Roumanoff se met en quatre pour les trouver. Elle est à l'affût de tout ce qui pourrait être fait pour aider. Son coup de fil tombe vraiment comme un cheveu sur la soupe, mais ces petites attentions peuvent faire la différence. Alors, oui, il y aura trois paravents de plus.

J'ai l'impression que des millions de coups de fil sont passés tout le temps. Visite à Picpus, devenu en quelque sorte le centre névralgique de l'AP-HP : c'est là qu'on trouve les renforts, c'est là qu'on attribue les lits, c'est là qu'on suit les patients à distance, c'est là que toutes les compétences se mélangent, entre professionnels et volontaires, chirurgiens chevronnés et jeunes étudiants. Je recroise Marina Cavazzana, première femme au monde à avoir fait de la thérapie génique qui part comme infirmière à René-Muret. Ça m'épate mais je me fais un peu de souci pour elle et je me demande comment elle va s'adapter.

Je n'ose pas trop y penser. *[Je recevrai plus tard un mail de la cadre de cet hôpital m'expliquant tout le bien qu'avait fait Marina : « Ne trouvant pas l'adresse mail du professeur CAVAZZANA Marina venu en renfort en SSR Gériatrie orienté Service Covid-19+, je décide de vous écrire afin que ces rencontres salutaires soient remerciées. Cadre de santé dans ce service, touchée par le Covid-19, J'ai ENFIN repris le travail le 9 avril après une période particulièrement difficile avec des paroles sans traces écrites qui ne pourraient exprimer tous ces explosifs ressentis et retentissements dans ma cellule familiale. Je pensais trouver une équipe en colère, exprimant leurs hostilités aux conditions d'accès aux matériels. Mais non ! J'ai retrouvé mon équipe toujours solidaire, dans un esprit apaisé et une énergie positive, même si la réalité est toujours complexe. Mon équipe me donne la raison de cette ambiance apaisée et calme ; elle pointe directement le professeur CAVAZZANA Marina venue en renfort pour travailler comme faisant fonction d'infirmière. Qu'a-t-elle fait ? Elle est intervenue personnellement pour déloger du matériel manquant pour le service. Immédiatement, un sentiment de sécurité renforcé a remplacé cette énergie négative, ce qui a facilité le travail de la cadre formateur. »]*

Aujourd'hui c'est Patrick Devedjian qui est mort… C'est… ne pas arrêter entre 7 heures ce matin et là, à 1 heure du matin. C'est travailler à peu près tout le temps. Voilà.

LUNDI 30 MARS

Bonjour,

En ce début d'une semaine absolument cruciale pour nos hôpitaux et pour la population d'Île-de-France, je me permets de commencer par un message un peu solennel : si vous êtes infirmière, infirmier avec des compétences opérationnelles en réanimation, si vous êtes cadre ou responsable d'un service où il existe des infirmières, infirmiers avec ces compétences qui ne seraient pas pleinement utilisées, s'il vous plaît mettez-vous, mettez ces compétences au service des équipes de réanimation.

Quelques personnes supplémentaires peuvent faire la différence. Nous avons besoin d'ouvrir des lits là où il y a les respirateurs, il y a les matériels, il y a les équipes médicales mais il manque encore des infirmiers et infirmières : 3, cela fait un lit en plus. Vingt-quatre, cela fait une unité de 8 lits en plus. Nous savons où nous pouvons les ouvrir dans la journée si nous avons ces compétences. C'est maintenant. C'est pour ces quelques jours.

J'étais hier soir dans plusieurs établissements de Seine-Saint-Denis avec le directeur général de l'ARS. Nous avons été à Avicenne, nous avons été dans une clinique au Tremblay-en-France, nous avons été à l'hôpital de Montfermeil. Les malades y sont très nombreux. Il y aura beaucoup d'admissions, beaucoup de transferts. Il faut que nous puissions répondre.

Je vous en prie ardemment. Si vous avez ces compétences en réanimation et qu'elles ne sont pas pleinement mobilisées, vous-même ou dans votre service : signalez-vous à votre responsable, faites-vous connaître, rapprochez-vous des équipes de réanimation et nous ouvrirons ces lits supplémentaires que nous allons devoir compter un à un pour donner la plus grande chance à tous les patients qui en ont besoin. D'avance, merci.

Et je voudrais prendre un engagement auprès de celle qui m'a adressé hier soir ceci :

« *Petit message du dimanche soir...*

Bonsoir M. HIRSCH

Juste pour vous dire que les mots doux du matin sont motivants... très !...

Et des fois un petit mot le dimanche soir pour nous encourager serait le bienvenu.

À demain matin »

Je m'engage à faire un message dimanche soir. Nous aurons eu une dure semaine, nous aurons tous le sentiment du devoir accompli. Nous n'aurons pas du tout terminé, bien sûr. Nous serons encore plus unis que nous le sommes aujourd'hui.

Bon courage,

Amitiés.

*

Je crois qu'on est lundi 30 mars, je reviens de Bicêtre effaré... La réanimation, la salle de réveil... 25 ou 30 patients les uns à côté des autres, tous retournés sur le ventre, en décubitus ventral, pour les aider à respirer, pour que l'arrière du poumon se dégage un peu. Tout le monde court partout, c'est une concentration de malades, de virus, de difficultés, des salles sont prêtes pour accueillir les suivants, en attendant les renforts. Et le personnel, sans une minute pour souffler, qui n'ont même pas le temps de vous regarder, allant d'un patient à l'autre... Je sors secoué.

Cette journée est à marquer d'une pierre noire. C'est la première fois qu'on se trouve avec zéro lit disponible. Il était 16 heures, on était à Picpus, on était à la régulation, c'était détendu, ça allait, et puis tout d'un coup on a vu les choses se crisper, ça ne suivait plus. Les visages sont devenus graves. Les sourires se sont évanouis. Plus un lit disponible. Il y avait les chirurgiens, Noël Garabedian, Yann Parc, Rémy Nizard qui appelaient et qui s'entendaient dire :« Non, on ne peut pas vous le prendre », « Non, on ne peut pas vous le prendre », on était à zéro. L'ARS d'un autre côté disait qu'elle comptait 73 places. Et puis on s'est rendu compte qu'ils s'étaient gourés dans le tableau.

Et c'était vraiment zéro, on avait enlevé sur le tableau, croix après croix les lits disponibles, on avait atteint le seuil, 1 850 aujourd'hui. En attendant qu'il y ait des décès qui libèrent des places, en attendant qu'on essaye d'en ouvrir d'autres, en attendant que les renforts arrivent... La réserve sanitaire ? on ne sait pas si on peut compter sur d'autres professionnels à court terme. Il paraît qu'on m'en veut encore de mon passage à France Info, et qu'on s'interroge toujours : « Mais pourquoi a-t-il ainsi appelé à l'aide ? » Mais on a appelé à l'aide parce qu'on avait le sentiment d'être au bout du bout, et qu'on ne pouvait pas garder ça pour nous. Et surtout parce que je me suis dit que cela pourrait déclencher quelque chose. En tout cas, je vois bien qu'en ce moment tout le monde se décarcasse. Bref, « *turning point* » aujourd'hui, je croyais qu'on avait un peu d'avance, mais l'avance c'est peau de chagrin, un chouïa. À bientôt.

MARDI 31 MARS

Bonjour,

Hier soir, je suis allé voir les équipes qui prennent les patients en soins critiques à l'hôpital

Bicêtre. Capacités sans cesse augmentées, pas un lit disponible, de nouveaux lits à ouvrir, une énergie fantastique, pas une minute disponible, les chirurgiens qui descendent à heure fixe pour aider à passer les patients en décubitus ventral. On ne peut qu'être impressionné, admiratif, attentif aux nuits qui vont être longues, aux jours qui vont se succéder.

Dans l'après-midi, nous avions constaté que pour la première fois, nous frôlions l'absence de disponibilité de lits de soins critiques, à l'AP-HP comme dans l'ensemble de l'Île-de-France. Aujourd'hui, il y aura plus de lits de soins critiques ouverts qu'hier, grâce aux renforts qui arrivent : 3 renforts, c'est un lit de plus. 24 renforts, c'est une unité de 8 lits. Les premiers collègues arrivent de province nous aider aujourd'hui.

Chaque jour, nous prenons des mesures pour aider les équipes, en tenant compte des retours que nous avons eus de vos messages, de vos directions, de nos visites. J'espère que vous commencez à en voir l'effet et nous faisons tout pour que ces effets s'amplifient jour après jour.

Vous êtes déjà 10 000 à être inscrits sur la plateforme Hoptisoins ! Si elle vous est utile, continuez à vous inscrire et à l'utiliser.

Et puis je partage avec vous cette histoire :

Vendredi soir tard, j'ai reçu un message du PDG d'Hermès qui avait entendu mon appel à la radio la veille. Il voulait nous aider. Il a proposé un don, comme jamais nous n'en avions reçu ces dernières années : 20 millions d'euros. Nous avons échangé ce week-end sur l'utilisation de ce don : un tiers sera consacré à renforcer nos hôpitaux de Seine-Saint-Denis, pour leur permettre de mieux s'équiper ; un tiers sera consacré à financer plus de promotion professionnelle pour les aides-soignants ; un tiers sera consacré à renforcer nos capacités à produire en 3D pour réduire notre dépendance et soutenir notre innovation. Hier le conseil d'administration de cette entreprise familiale et le conseil d'administration de la Fondation AP-HP délibéraient. Ces actions ont été approuvées. Ce sera un soutien précieux.

Ces dons ne se substituent pas aux moyens publics. Ils viennent compléter, accélérer, reconnaître, et créer des liens durables entre vous et ceux qui nous soutiennent et continueront à nous soutenir.

Merci encore à vous tous.

Amitiés.

*

31 mars, on aurait dû être au pic, on n'est pas du tout au pic, c'est la journée la pire. C'est la journée où on a fait rentrer le plus de malades en Île-de-France : 190 de plus. On avait connu une journée à 175, mais jamais aussi haut… On est encore sortis de l'hypothèse la plus haute et de la courbe la plus haute. Journée bizarre. Ce matin, on avait ouvert encore des lits, fait le point des recrutements en étant rentrés de

Bicêtre. La matinée la plus calme depuis un mois ou deux mois. Incroyable ! Comme on avait bossé la nuit, comme on avait actionné tous les leviers possibles, pendant deux heures j'ai eu l'impression de n'avoir rien à faire. J'ai même pris le temps de regarder des mails en retard et deux-trois trucs pas urgents, de m'arrêter cinq minutes, de prendre du temps. C'était surréaliste. Cela me rappelle les descriptions de tsunami, ce moment où la mer recule avant de revenir pour tout détruire sur son passage. On croit qu'elle se retire, mais elle prend de l'élan. Et à midi, ça s'est accéléré, on s'est apercu que pour la première fois on avait autant de malades que de lits, si ce n'est plus de malades que de lits, mais en tout cas autant de malades que de lits. Et la tension a perduré jusqu'au soir, au moment où on s'est aperçu qu'on n'avait plus de blouses de surprotection parce que tout le stock qu'on croyait avoir était parti, corroborant ce que me disaient les infirmières hier soir. Elles n'avaient droit qu'à une seule surblouse pour toute leur nuit, alors qu'elles aimeraient en changer. J'ai appelé d'abord Faber en catastrophe, puis l'industrie agro-alimentaire, Rungis, Carrefour, L'Oréal, PSA, tous les industriels, en leur disant : « Au secours, venez nous apporter des blouses. » Et puis ensuite, on a fait la réunion de 18 heures, en commençant par un prélude de Bach, alors qu'hier c'était les Beatles, en dénombrant ces chiffres dans la consternation générale, en disant qu'on n'avait plus de blouses, en disant qu'on avait atteint le maximum, en comptant les lits qu'on espérait ouvrir d'ici demain, peut-être 50, en sachant que même si on ouvrait 50 lits, on avait aussi 190 malades de plus, en comptant les 40 transferts qui vont peut-être se faire demain. 50 + 40 = 90, comparé à 190, ça veut dire 100 malades dont on ne pourrait pas s'occuper. On se disait que ce soir il y aurait probablement des malades qui n'auraient pas leur place en réanimation, que des critères d'âges seraient finalement établis, que ce serait toutes ces horreurs, et je ne savais pas comment conclure la réunion… Je l'ai fait devant les 95 personnes de la cellule de la crise qui sont au téléphone et les 10 qui sont dans la petite salle Jean-Choussat, avec des sanglots dans la voix, en tentant d'étouffer mes sanglots, en disant : « On est le 31 mars, jusqu'au 31 mars on a tenu, demain c'est le 1er avril, on tiendra aussi. » Et dans ma voix je montrais toute l'angoisse que je ressentais et je m'en voulais d'avoir un ton qui contredisait le message d'espoir que je voulais faire passer. Ensuite je suis allé pleurer dans mon bureau et j'ai reçu des messages me disant de tenir bon. Et puis j'ai appelé Aurélien qui avait conscience comme moi de la gravité du moment. On était tous les deux dans le même état d'esprit. Il avait obtenu qu'on tienne une mini réunion téléphonique de crise à 19 h 30 avec l'Élysée, Matignon, le ministère de la santé. On avait un quart d'heure pour convaincre. J'avais peur de ne pas y arriver et il me semblait que tout se jouait sur un coup de fil et que toutes les troupes, qui connaissaient la situation, attendaient que le miracle se produise. Alors, en désespoir de cause, je leur ai lu un SMS qu'un médecin de l'AP-HP avait reçu un peu plus tôt dans l'après-midi d'un réanimateur de province en me demandant de garder confidentiel son émetteur. Je l'ai lu in extenso : « Je sais que cette démarche doit se faire par l'intermédiaire d'une régulation nationale. Toutefois ton rôle aujourd'hui est d'être en droit de savoir que nous avons un nombre de lits disponibles dans mes unités de réanimation. Un total de 20 lits vides au sein de la réanimation thoracique et cardiaque ayant une expertise de SDRA *[syndrome de détresse respiratoire aiguë]* pour accueillir. Nous avons fermé les blocs et les collègues attendent chez eux. On peut facilement monter à 15 lits de plus. Je sais que vous êtes dans une situation très difficile. Je fais cette démarche au nom de notre amitié car j'ai parfois mauvaise conscience de vous savoir dans une telle situation. Si tu veux proposer un transfert on est en mesure d'un accueil. Bien sûr nous ne savons pas ce qui va nous arriver dans quelques jours ou semaines. Si tu veux on peut s'appeler pour que je te décrive les choses précisément. » J'ai lu ce message et j'ai ajouté : « On s'interroge sur un, deux, trois patients transférés mais c'est peut-être 20, 30 qu'on peut transférer dans d'autres hôpitaux comme celui-là. Il faut vite donner les autorisations. » Tout cela a effectivement duré un quart d'heure et Aurélien et moi avions le sentiment que nous avions convaincu. En réalité, avant même l'échange de 19 h 30, tout le monde avait conscience qu'il fallait agir vite et fort. Il fallait juste que ça « cristallise ».

J'étais épuisé. Je suis rentré, et Olivier Véran m'a appelé pour me rassurer : le message avait été bien entendu.

Voilà, la journée de demain va être très dure, elle commence à 6 heures à la Pitié-Salpêtrière.

Mercredi 1er avril

Bonjour,

Pardonnez-moi pour mon message plus matinal que d'habitude. Mais la nuit a été courte et compliquée et la journée va être longue et compliquée.

Aujourd'hui, je n'ai pas envie de vous parler de chiffres, ou de données ou de décrire une réalité que vous vivez fortement avec les malades qui continuent à arriver nombreux, pour frôler les limites extrêmes que nous pensions indépassables. Mais je préfère évoquer autre chose. Un dimanche matin, je vous avais parlé de nos proches, en pensant à nos familles qui vivent à travers nous les efforts surhumains que nous réalisons. Ce matin, je voudrais vous parler d'autres proches, qui sont ceux avec lesquels nous travaillons tous les jours, de longues heures, que nous voyons plus que nos familles.

J'ai la chance de travailler avec une équipe dont les valeurs sont chevillées au corps, parfaitement unie et soudée, ne comptant pas son temps, cherchant en permanence des solutions, travaillant avec bienveillance, faite de personnalités très différentes, mais qui se respectent, se complètent, s'estiment, s'entraident. Ce sont, autour de mes adjoints et de mon cabinet, ces personnes du « siège » ou de la « DG » comme on dit que vous connaissez probablement mal. Ils sont avec moi dans les cellules de crise, ils font tout pour rendre possible ce que l'on décide le matin tôt, et pour partager avec l'ensemble des hôpitaux, le soir, ce qui a été réalisé. Chacun a su se rendre totalement indispensable, trouver une place dans cette organisation de crise, n'évoquant jamais les difficultés, tous conscients que l'on attend beaucoup d'eux, travaillant la main dans la main avec les médecins, les directeurs médicaux de crise, les différentes disciplines.

C'est comme l'équipe dans laquelle vous êtes vous-même. Nous savons que nous vivons ensemble une épreuve qui nous marquera à jamais, que nous créons ou consolidons des liens pour toujours, que chacun a besoin de l'autre, que la susceptibilité n'a pas sa place dans de tels moments, que nos décisions peuvent avoir un impact sur la manière dont vous pouvez sauver des vies, que dire « tout à l'heure », cela peut déjà sembler trop tard et qu'il vaut mieux dire « tout de suite ».

Je m'adresse tous les jours à vous nombreux. Permettez-moi ce matin de passer par vous pour les remercier et leur dire combien je leur suis reconnaissant, et de faire passer ces messages que par pudeur on ne s'adresse pas quand on est ensemble. Vous êtes une belle équipe et vous êtes de très belles personnes et cela m'aurait coûté de ne pas vous le dire et de ne pas le partager avec l'ensemble des membres de cette maison.

Et vous, n'hésitez pas à le dire aux membres de votre équipe, que vous soyez chef ou pas. C'est le moment !

Amitiés.

*

La nuit a été hyper dure, la nuit a été très agitée. Treluyer *[Laurent Treluyer est le directeur des systèmes d'information de l'AP-HP, urgentiste de métier, il a été chargé de coordonner la cellule de régulation des réanimations]* m'a appelé à 1 heure du matin pour me dire : « Il y a zéro place, zéro, zéro, zéro. J'ai un patient à Longjumeau, je ne sais pas où lui dire d'aller. Il n'y a aucune place. » Alors j'ai passé mon temps, entre 1 heure et 3 heures du matin, à trouver une solution. D'abord en obtenant de la part d'Aurélien qu'on puisse commencer à faire des transferts en province, ce qu'il a autorisé, même si on n'avait pas encore reçu le feu vert officiel, et qui n'ont finalement pas eu lieu. Et puis j'ai appelé l'administrateur de garde pour lui demander d'appeler un à un chaque hôpital et d'essayer de faire ouvrir un lit par ci, un lit par là. Et ils ont pu pendant la nuit caser les patients qu'ils avaient à caser.

Ce matin, rendez-vous à 6 heures au bureau de Bruno Riou, pour le départ du train. On a pris un bon café, des croissants, c'était sympa : il y avait aussi Matthieu Raux, Benoît Vallet et François Crémieux. Et puis on est allés voir ces TGV incroyables qui transportent des patients sur des brancards, avec des appareils de réanimation, avec une logistique extraordinaire. Toute la gare d'Austerlitz était bouclée, il y avait la police partout, et les véhicules arrivaient les uns après les autres, avec leurs patients qu'on chargeait sur le train, drôle d'atmosphère. On a donc obtenu ces transferts, on a donc obtenu, à 1 h 30 du matin cette nuit, le droit de transférer 75 patients hors d'Île-de-France vers trois régions particulières, et de bénéficier de 320 renforts des autres régions, des infirmières, des médecins anesthésistes, pour pouvoir nous aider. L'espoir revenait.

J'ai passé aussi l'après-midi à batailler parce qu'il y a encore des gens qui veulent rouvrir l'Hôtel-Dieu. J'ai appelé Anne Hidalgo pour lui dire que c'était une mauvaise idée : rouvrir l'Hôtel-Dieu pour faire de la réanimation, avec des gens qui ne connaissent pas. L'Élysée et le ministre de la santé nous demandent du coup ce qu'il en est. J'ai dû argumenter en disant qu'il n'y avait pas de fluide médical, que les salles n'étaient pas conformes, que les chambres sont minuscules, que c'est complètement absurde et qu'il vaut mieux faire du nouveau bâtiment de Mondor un bel endroit où l'on puisse de faire de la réanimation. Mon petit mot du matin était consacré aux proches avec lesquels on travaille au sein de son équipe, et à l'esprit d'équipe… Plutôt apprécié. Ce soir on était à 2 200… je ne me souviens plus exactement, mais on a pris encore plus de patients qu'hier alors qu'hier c'était le record, donc on a battu à nouveau un triste record avec 229 patients en plus, hier c'était 190 patients, avant-hier c'était 175 patients. Il faudrait que je vous montre la courbe qui s'est échappée, qui a pris la tangente et s'est accentuée, ce qui rend les choses difficiles. J'ai remercié tout le monde à la conférence téléphonique en disant : « Bravo pour votre passion et votre sang-froid. » Il paraît qu'on a

50 places d'avance et donc que la nuit devrait se passer pas trop mal… Voilà pour aujourd'hui.

Jeudi 2 avril

Bonjour,

Je voudrais ce matin parler des renforts et à travers vous parler aux renforts.

Avant-hier quand nous avons constaté que nous arrivions, pour la première fois, au moment où sur la région Île-de-France le nombre de lits de soins critiques ouverts correspondait au nombre de patients graves pris en charge, nous avons d'une part continué à « armer » des lits et d'autre part plaidé pour que le soutien demandé puisse se concrétiser vite. Cela a conduit dans la soirée de lundi les autorités sanitaires à décider d'autoriser une centaine de transferts de patients hors Île-de-France, en plus de ceux qui avaient été déjà prévus et de mobiliser dans d'autres régions des renforts humains.

Depuis le début de la semaine, des infirmiers et infirmières sont arrivés de province, parfois de loin, pour nous aider. Elles et ils ont pris leur poste dès leur arrivée. Elles et ils sont d'emblée avec vous aux avant-postes. D'autres vont les rejoindre ces prochains jours. Dans plusieurs hôpitaux hors Île-de-France, en Bretagne, dans le Centre-Val de

Loire, des professionnels prennent en charge des patients de nos hôpitaux. Certains sont même venus les chercher pour les prendre en charge dès le trajet.

Aujourd'hui, l'AP-HP et l'Île-de-France bénéficient de la solidarité d'autres régions, d'autres établissements, d'autres professionnels. Ce n'est pas facile pour eux. Ils ont moins de patients dans leur région mais on a vu la rapidité de l'évolution dans le Grand-Est et dans l'Île-de-France. Ils ont moins de patients mais leurs réserves de soins critiques sont aussi moins importantes que les nôtres.

Ayons conscience que nous sommes aidés aujourd'hui. Ayons conscience de ce que cela veut dire d'arriver du jour au lendemain en ayant fait des centaines de kilomètres, d'avoir quitté son domicile et son environnement pour être plongé dans le chaudron de nos soins critiques, ayons conscience de ce que cela veut dire de prendre des patients d'Île-de-France dans des établissements bien plus petits que les nôtres.

Accueillons bien ces renforts. Ils sont des nôtres. Ils vont connaître des journées difficiles. Soutenons nos renforts.

Ils ne liront pas ces lignes. Alors, transmettez-leur nos remerciements.

Et nous aussi, nous saurons que nous aurons à aider et à soutenir. Nous n'oublierons pas. Et nous saurons d'autant plus leur rendre et faire preuve de réciprocité.

Merci à eux. Merci à vous. Merci à tous.

Amitiés à partager.

*

Aujourd'hui le 2 avril la matinée a commencé super dur, à se faire engueuler sur les transferts, c'est la guerre entre tous les acteurs... « Gros bordel, c'est de votre faute », « l'AP est nulle, elle ne sait pas organiser les transferts, vous avez appelé à la solidarité, ensuite ça y est, ça fout le bordel, chacun n'en fait qu'à sa tête... » Hyper compliqué à gérer. *[J'ai expliqué plus haut les tensions générées par le principe et l'organisation de ces transferts. Tout le monde était sur les dents et le nombre d'intervenants à coordonner était considérable. Je n'ai relevé, dans mon enregistrement du soir, que le côté négatif, mais chacun faisait de son mieux pour que cela se passe bien. L'un des aspects les plus délicats était le choix des malades, pour organiser les convois. Tout devait être précisément minuté, puisque pour remplir un train, il fallait que des patients viennent d'une quinzaine ou d'une vingtaine d'hôpitaux différents. Or, les malades étaient instables : un malade considéré comme transférable le soir, pouvait ne plus l'être le lendemain matin. Ce sont ces difficultés qui expliquent les tensions.]*

Ensuite visite à Louis-Mourier, pour aller accueillir les Nantaises et les Toulousaines qui sont arrivées en renfort. Grâce à cela, on va réussir à enfin mettre en service 16 lits d'une nouvelle réanimation dont on a anticipé l'ouverture de quelques semaines, mais pour laquelle il manquait des infirmières. À 20 heures, annonce du Premier ministre sur le nouveau bâtiment de Mondor, sur lequel j'avais bossé toute la journée. Quelle victoire ! là on peut faire plus de 80 vrais lits de réanimation. C'est quand même plus rationnel que l'Hôtel Dieu qui était plus politique et médiatique que médical ! Je me dis que c'est parce qu'ils étaient tous excités comme des puces, parce qu'ils avaient vu que les New-Yorkais mettaient un hôpital dans Central Park. Donc eux, ils voulaient en faire un en face de Notre-Dame. Mais du coup on a réussi à remonter la pente et obtenu que le Premier ministre annonce Mondor. Cinq minutes après, j'avais tous les responsables de Mondor en ligne pour voir comment on faisait. Il y avait quelques gros problèmes, disons de susceptibilité, à régler sur qui dirige quoi. Ça m'a pris des heures.

Au passage, qu'est-ce qui s'est passé aujourd'hui ? On a encore eu 333 malades en plus quand même, l'air de rien, mais dont une partie est partie en province. Donc, ce soir on se retrouve avec des places libres, ça faisait trois jours que je n'avais pas connu ça, c'est tranquille, j'espère que personne ne va me réveiller. Cette nuit, il s'est passé plein d'autres trucs, mais je n'ose même pas le raconter... Voilà pour ce soir.

VENDREDI 3 AVRIL

Bonjour,

J'évoquais hier le soutien national à l'Île-de-France, à la fois par des transferts de patients hors Île-de-France et par l'arrivée de professionnels venus d'autres régions.

Ces soutiens sont réels, ils se concrétisent jour après jour, et ils ont un effet tangible. L'effet combiné de la poursuite de l'augmentation de nos capacités – consolidée par les renforts – et des transferts nous a permis de ne pas nous retrouver en déséquilibre. Cette nuit, l'équipe qui fait la régulation pour l'attribution des places en réanimation n'a pas connu la même angoisse que les nuits précédentes, à se demander si finalement une place finirait bien par être trouvée pour un patient qui s'aggrave. Cela ne veut pas dire que l'intensité des efforts s'est relâchée, bien au contraire : le nombre de nos patients en réanimation continue à croître jour après jour, mais cela veut dire que la combinaison des efforts est efficace.

Je souhaite aussi revenir sur l'interrogation d'un chef de service, qui me faisait part de son embarras pour répondre aux questions que se posaient les professionnels sur l'intégration d'étudiants en médecine, ou de médecins, dans les équipes paramédicales. Est-ce que les infirmiers, qui ont fait des études spécifiques pour maîtriser leur métier n'allaient pas se sentir « déclassés » en voyant des étudiants en médecine considérés comme pouvant en quelques jours faire eux-mêmes le métier d'infirmier ? Je lui ai répondu que ces étudiants ne se substituaient pas aux professionnels mais les renforçaient ; que j'étais convaincu qu'ils en retiendraient une admiration encore plus forte pour le travail des paramédicaux dont ils auraient partagé le quotidien au plus fort de la crise ; que cela ne pouvait avoir qu'un impact positif, et j'espère durablement positif, sur le sentiment d'équipe, sur l'intérêt d'associer toutes les professions aux décisions collectives.

Je voudrais enfin redire qu'aucun métier n'est oublié dans cette période et que tous sont indispensables. Ceux qui exercent ce qu'on appelle couramment des fonctions « support » – c'est-à-dire qui contribuent à ce que tout fonctionne, la logistique, les approvisionnements, l'alimentation, la gestion des stocks, les bons flux de matériels, etc. – assurent des fonctions vitales et nous en avons pleinement conscience.

Amitiés.

*

Aujourd'hui, vendredi 3 avril, un peu de répit : plus 49 en net, 233 entrées, alors que c'était 295 hier, 333 avant-hier, 295 le jour d'avant, c'est la première décélération. Je pense que la nuit sera calme, puisqu'on doit avoir quasiment 80 places disponibles. L'ambiance a un peu changé, mais tout le monde se garde d'être optimiste : on ne peut pas sombrer dans la sérénité quand on est dans une situation comme celle-là. Et puis on a tellement été bousculés... Les faits ont tellement contredit les prévisions... Mais c'était un peu plus détendu, même si, si je me remémore la journée la plus dure, j'avais eu bizarrement trois heures beaucoup moins denses. Là, c'est le contraire : moins de tension, mais je n'ai pas arrêté une seule seconde jusqu'à 15 h 30 je crois. J'étais encore en retard sur tout, tout s'enchaînait, tout le temps, tout le temps, tout le temps. Avec par ailleurs l'angoisse de ne pas bien s'occuper des aspects non-Covid, des patients non-Covid, de ne pas anticiper la phase d'après, quand on se concentre tellement sur la réanimation, de ne pas savoir si on est prêts à prendre les patients qui sortent de réanimation. Il faut aussi essayer de répartir les différents rôles pour Mondor sans complètement maîtriser les rivalités entre les réanimateurs médicaux et les anesthésistes, les uns ne voulant pas laisser le pouvoir aux autres, dans ce bâtiment qu'on va ouvrir donc jeudi. Je fais un saut à Port-Royal où on va fabriquer des centaines, des milliers d'embouts 24 h/24, avec des imprimantes 3D, soixante à la chaîne qui font des petits embouts.

Réunion de 18 heures, un peu plus calme. Comme c'était vendredi, vifs remerciements pour la semaine passée, qui est peut-être, peut-être, la semaine la pire, qui sait, peut-être… mais ça c'est quand même trop tôt pour le dire.

Il y a quand même eu le sujet « Mira ». Mira, c'est le réanimateur de Cochin qui a expliqué à la télévision que c'était pas mal d'utiliser l'Afrique pour faire des essais, puisque là-bas ils n'avaient pas de masques, pas de protections, pas de réanimation, et donc qu'ils pouvaient constituer un groupe contrôle pour tester, pour faire un essai sur la protection par le vaccin du BCG…

Un million de vues, un concert d'indignation.

Sale histoire. Incontestablement, Mira est quelqu'un de bien : très souvent des familles de patients me faisaient part de ses formidables qualités humaines, de son profond sens éthique. Et puis une maladresse et c'est l'emballement, avec des explications embrouillées qui ne font qu'empirer la maladresse. Il fallait à la fois condamner le propos, et ne pas condamner l'individu. J'ai d'abord eu du mal à le joindre, il refusait de répondre au téléphone. Il m' a ensuite expliqué qu'il n'était jamais passé à la télévision avant et qu'il n'avait pas compris que ce n'est pas le dernier salon où l'on cause. Je l'ai senti perdu, dépassé.

On a fait un petit directoire exceptionnel de 45 minutes, et j'ai fait valider un communiqué pour éteindre la polémique. Au passage, on a proposé de diffuser des consignes générales pour acter une modération quand on passe à la télé, parce qu'ils sont quand même complètement fous à faire la course des plateaux de télé. Aujourd'hui, c'est au tour du préfet de Police qui a expliqué que tous les patients en réanimation étaient des patients coupables de ne pas avoir respecté le confinement. Là aussi, bouffées d'indignation, justifiées d'ailleurs. Moi, je ne savais pas qu'il avait fait cette déclaration. Je l'ai appris parce que le préfet de Police m'a lui-même appelé pour me demander de transmettre ses excuses à toute la communauté médicale.

Voilà, les effets secondaires des médias qui prennent un temps fou. C'était si je puis dire, l'aspect cocasse de la journée, dérisoirement cocasse, probablement. Bonsoir. Trop fatigué pour dire d'autres choses.

SAMEDI 4 AVRIL

Bonjour,

Je voudrais, en ce samedi matin, remercier chacune et chacun et tout le monde collectivement pour le sang-froid avec lequel vous avez fait face à cette semaine particulièrement difficile, particulièrement tendue, où nous avions pleinement conscience des enjeux pour éviter le débordement. Un samedi matin que beaucoup d'entre vous avaient depuis plusieurs semaines en ligne de mire comme le début des vacances scolaires, ou comme un week-end à prendre mais sont aujourd'hui au travail et le seront demain.

Depuis vingt-quatre heures, nous avons quelques signaux qui permettent d'être un peu moins dans la crainte mais qui doivent nous maintenir vigilants, mobilisés et qui nous maintiennent à un niveau d'activité extrêmement élevé. Les patients ne sont pas moins nombreux, leur prise en charge n'est pas plus légère, les efforts restent très très soutenus et les lendemains demeurent toujours incertains. Nous savons aussi que vous êtes nombreux à être confrontés aux angoisses, aux deuils et à la prise en charge de la fin de vie et que cela affecte tout le monde.

Sur une note un peu plus légère, nous avons débloqué un budget particulier pour permettre d'approvisionner les établissements avec 10 000 plateaux-repas par jour qui ne devraient pas ressembler à la collation habituelle et qui viennent se rajouter aux efforts faits par les services de restauration, que je remercie, aux initiatives prises par les sites avec des partenaires et des mécènes pour améliorer l'ordinaire dans cette période extraordinaire. Nous avons prévu ces 10 000 plateaux jusqu'à la mi-avril mais si le taux de satisfaction est élevé nous prolongerons cette initiative jusqu'à la fin du mois d'avril. Merci à toutes celles et tous ceux qui font en sorte qu'ils arrivent auprès de vous. Cela rajoute un petit défi logistique à tous les autres grands défis logistiques.

Amitiés.

PS : vous êtes environ 15 000 connectés sur la plateforme « Hoptisoins » que nous avons créée il y a 8 jours, avec de bons retours des utilisateurs ! Elle est au service de vous tous.

*

Samedi 4 avril, c'est une journée où je suis allé à Bichat et à Beaujon. D'abord à Beaujon où l'hôpital fait preuve d'une magistrale adaptation. Ils sont quand même très forts ! Tous les circuits, tous les services ont été réorganisés dans cette immense tour pour prendre au mieux les patients. À Bichat, ensuite, hôpital qui a commencé plus tôt, puisque c'est là que les premiers patients étaient. Là aussi, les salles de réveil sont transformées en salles de réanimation, mais soit parce que j'ai déjà eu le choc à Bicêtre, soit parce qu'il y a moins l'impression de grand nombre, ça me paraît plus serein. J'ai voulu aller rendre visite à Yazdan, *[le professeur Yazdan Yazdanpanah, chef du service des maladies infectieuses de l'hôpital Bichat, atteint par le Covid et hospitalisé dans son propre service]* mais on me dit qu'il n'est pas assez bien pour être vu. Du coup, je reçois un message de lui : « Cher Martin, j'ai appris que vous étiez dans le service. Cela m'aurait fait plaisir de vous voir, mais apparemment les équipes ont décidé autrement. Ils veulent trop me protéger et que je me repose. Ils sont en tout cas extraordinaires et je vais mieux aujourd'hui et ça va aller. Je suis aussi content que la pression commence à diminuer. J'espère que ça va continuer. Je souhaitais aussi partager autre chose avec vous. Vivant maintenant cela de l'intérieur, je vois que l'hôpital d'aujourd'hui n'a plus rien à avoir avec l'hôpital d'il y a un mois. La transformation et la manière dont les soignants en général ont pris les choses en main avec beaucoup de cœur mais beaucoup de génie est remarquable. Ils ont aussi maintenant tous une mission. La situation va maintenant évoluer et j'espère que les malades vont diminuer. Cette bascule de nouveau à une phase va arriver très vite et peut créer un sentiment de vide chez les uns et les autres. Je pense que ce serait bien de l'accompagner et anticiper. Voilà ce que je souhaitais vous dire. Et prenez soin de vous. Y »

En traversant Paris, je n'en suis pas revenu : il y avait plein de monde dans les rues. Il faisait beau, mais ce n'est pas une raison. Où a-t-on vu que le beau temps tue le virus ? Les gens donnaient l'impression d'être exactement comme avant. J'ai partagé cette impression en réunion de crise et tout le monde avait le même sentiment, la même peur et la même indignation. On n'a même pas atteint le pic et tout dégénère à nouveau. Donc j'ai fait un tweet ce soir : « Restez chez vous, pas de relâchement, pas de flâneur, pas de promeneur », après avoir alerté Anne Hidalgo et le préfet de Police sur le fait de ne pas relâcher le confinement.

Ce matin on a eu un premier travail avec les épidémiologistes sur les données. Quand on rentre à l'hôpital, c'est effrayant, on a 35 % de risque de mourir, pas simplement quand on rentre en réa, quand on rentre à l'hôpital pour Covid. Toute une série de chiffres qui va nous conduire à faire ce soir une réunion avec les épidémiologistes pour poser les choses, voir comment reprendre le confinement, quelles stratégies on a si la plus grande partie de la population est peu immunisée.

Et j'ai fait des courses pour la première fois depuis un mois, pendant un quart d'heure, et puis retour en vitesse sur mon Cityscoot pour être à l'heure pour la réunion de 18 heures. Les 10 000 plateaux-repas arrivent.

Une petite remarque. Quand on regarde un film, ce qui nous est arrivé hier, par exemple *L'insoutenable légèreté de l'être*, c'est assez drôle, à chaque fois on se dit : « Mais attention, ils se serrent les mains ! Mais attention ils s'embrassent ! Attention ils sont nombreux dans une pièce... », comme si on était complètement conditionnés par les gestes barrières, c'est vraiment assez drôle. Ciao, ciao.

Dimanche 5 avril

Bonjour,

Pour beaucoup d'entre nous, cela fait plusieurs semaines que les dimanches sont des jours comme les autres et mes remerciements en sont d'autant plus sincères aujourd'hui pour tous ceux qui sont dans les hôpitaux et dans tous les services qui en assurent le support. J'irai tout à l'heure rencontrer certains d'entre vous dans l'un de nos sites de gériatrie. Mais, je remercie aussi ceux qui peuvent souffler un peu aujourd'hui. Il y a en ce moment encore nettement moins de jours de repos que d'habitude et ces jours de repos sont précieux.

Vous avez probablement constaté comme nous tous – c'était flagrant sur le trajet hier entre l'avenue Victoria et les hôpitaux Beaujon et Bichat où je me suis rendu – qu'il y a trop de monde dans les rues hier, comme s'il flottait un petit climat d'insouciance. Nous avons fait passer le message haut et fort car nous savons combien le respect strict du confinement reste toujours la condition sine qua non pour contenir l'épidémie.

Bon dimanche à toutes et à tous après une semaine particulièrement éprouvante.

Amitiés.

*

Dimanche s'est conclu par un truc magique : Inbal Segev, la violoncelliste que je vénère tant, m'a donné un cours par Skype en direct de New York, avec la quatrième suite de Bach. C'était un cadeau surprise de Florence, c'était absolument extraordinaire, inattendu, ça a tout changé. Florence avait trouvé son adresse et lui avait envoyé un message : « Mon mari est à bout. Il s'occupe des hôpitaux de Paris. La seule chose qui lui remonterait le moral serait que vous puissiez lui faire travailler la quatrième suite. » Elle avait répondu du tac au tac et on a eu rendez-vous à 11 heures du soir. C'était magique, après une journée qui nous permettait encore de recueillir les fruits des efforts de la semaine : 135 places disponibles en réanimation, 81 entrées nettes contre 56 hier ! Le soir on avait discuté un bon moment sur les data avec 20 scientifiques : comment on voit l'effet du confinement ? comment on déconfinera ? Qu'est-ce qu'on fait de toutes ces données, comment on peut interpréter, comment tous les entrepôts de données et autres cohortes d'informations peuvent permettre de gérer la suite, avec toujours cette incertitude et cette épée de Damoclès. Le matin j'avais fait un long passage en gériatrie à Charles-Foix pour rencontrer les soignants, leur demander où ils en étaient des blouses, des surblouses, de quoi ils pouvaient avoir besoin, les voir mettre des sacs-poubelles autour de leurs pieds pour se protéger et leur expliquer que ce n'était pas utile, apprendre que les personnes âgées dans les services de long séjour meurent rapidement, parce qu'elles sont si fragiles que quand le virus arrive et qu'elles sont en hypoxie, elles meurent rapidement.

Quand je suis rentré, Florence avait des frissons et des courbatures, l'effet du Covid, en espérant que ça reste une forme légère. Elle remplit consciencieusement son questionnaire quotidien pour Covidom et je peux voir l'effet rassurant du suivi à distance.

Les débats sur confinement, surconfinement, déconfinement, combinaison des confinements, surpic, reprise du pic, etc. on a ça tout le temps, tout le temps, tout le temps... On aimerait à la fois pouvoir se projeter dans l'avenir, et on vit d'heure en heure, au jour le jour. Une journée de plus passée...

Lundi 6 avril

Bonjour,

Dans les actions extraordinaires qui se réalisent dans nos hôpitaux pour faire face à Covid-19, il y a la recherche. Nous aurions pu faire le raisonnement : il y a un temps pour la prise en charge des patients, il y aura un temps pour la recherche, plus tard. Il y a le court terme, on s'occupera après du moyen et du long terme. L'AP-HP et ses partenaires ont fait le raisonnement inverse, même s'il était encore plus exigeant : mettre le plus de forces possibles dans la recherche le plus rapidement possible, pour que cette recherche se fasse au moment où les patients arrivent et puisse produire les résultats les plus rapides.

Dès la mi-mars, les principaux acteurs de la recherche étaient réunis un dimanche soir pour se mettre en ordre de marche de manière coordonnée ; un comité de pilotage était créé pour pouvoir examiner en temps réel les intentions de projets ; des procédures accélérées étaient organisées ; des financements d'amorçage étaient débloqués, avec l'aide de la Fondation AP-HP, pour ne pas perdre de temps, tout en soumettant les projets aux appels d'offres nationaux et internationaux qui eux-mêmes avaient accéléré leur procédure.

Le résultat de cette mobilisation est impressionnant : le comité de pilotage a pu étudier près de 150 projets ; 37 projets ont été jugés prioritaires pour débuter immédiatement ; à ce jour, 3 300 patients ont été inclus dans des études promues par l'AP-HP, ce qui est un nombre très élevé et une proportion importante des patients. Dans le même temps, les équipes de l'AP-HP contribuent à des études nationales avec leurs partenaires.

Ceci nécessite beaucoup de coordination et a été permis par une remarquable mobilisation des équipes en charge de la recherche, dans des conditions difficiles, sous une forte pression ; certains personnels de recherche sont exposés au côté des soignants ; d'autres sont en télétravail et doivent tenir des délais toujours très serrés ; tous sont en lien étroit avec les équipes et les services qui soignent les patients.

Les études menées sont diverses et conduites avec rigueur. Elles peuvent avoir un impact décisif dans la lutte contre Covid, au niveau national et international.

L'AP-HP joue pleinement son rôle de très grand centre hospitalo-universitaire européen, grâce à cette mobilisation générale et exemplaire. Un très grand merci.

Et nous sommes tous impatients – à commencer par ceux qui ont conçu, qui pilotent et qui participent à ces études – de voir les résultats arriver.

Amitiés.

*

Lundi 6 avril. Hier on n'a pas fait la réunion de 18 heures, on avait une réunion sur les data à la place, mais je crois que c'est la première fois depuis un mois, ou un mois et demi qu'on ne tient pas ce rendez-vous. Il faudra que je retrouve quand a commencé la première *[Les réunions de crise quotidienne de 18 heures ont commencé le 24 février.]*

Ce matin, j'ai commencé la journée par France Inter – Nicolas Demorand et Léa Salamé, plus les questions des auditeurs – pour parler du plateau. « Est-ce que vous avez atteint le pic ? », « Bannissez le mot pic de votre vocabulaire, on est sur un plateau, mais un plateau en montagne, ça peut être entre deux montagnes, donc il faut éviter la deuxième montagne. » C'était marrant parce que j'ai trouvé qu'ils n'étaient pas assez gentils avec moi. Les journalistes, d'habitude ça ne me gêne pas qu'ils soient mordants. Là ils ne l'étaient pas tellement, mais on cherche tellement la bienveillance que ça m'a gêné. J'avais besoin de tendresse, de gentillesse. Mais, c'est comme ça. J'ai juste essayé de m'en tirer. Je fais assez attention à ne pas faire trop d'interventions, pour ne pas bavarder, pour ne pas répéter, pour ne pas diluer, pour ne pas perdre de temps.

Ensuite j'ai enchaîné sur la réunion de crise du matin, réunion qui a confirmé qu'on était plutôt dans la détente, avec plus d'une centaine de lits disponibles, ça nous ramène quinze jours en arrière, quand on avait 100 lits disponibles, et donc une nuit plutôt calme en perspective. Mais pour autant, toujours des entrées.

Après ça, on a eu à travailler sur les data, encore, pour essayer de traduire en actions ce qu'on avait dit hier. Je suis allé faire ma sérologie à la Pitié-Salpêtrière avec François Crémieux. Les infirmières et les médecins nous ont raconté qu'ils shootaient tellement les malades avec des drogues fortes, que ceux qui s'en sortaient étaient complètement fous, paranos, violents, hallucinés. Ce soir j'étais avec des réanimateurs, Antoine Vieillard-Baron et Catherine Paugam, et on leur a raconté ce que nous avions entendu le matin : « Vous ne nous aviez pas dit ça. Mais du coup, comment vous faites pour combattre ces effets ? Déjà, est-ce que c'est vrai ? – Ah oui oui, c'est totalement vrai, il faut dire qu'on les shoote comme un toxico. » Et on leur a demandé : « Comment vous faites pour lutter contre ça ? – Ben ensuite on les reshoote avec ce que les psychiatres nous disent de leur donner, donc on leur donne des médicaments contre les médicaments. » Et on s'est dit qu'on vivait dans un drôle de monde.

On a travaillé avec l'ARS sur la situation des prisons qui nous préoccupe tous et qu'on évoque régulièrement avec Aurélien. Nous nous sommes dit qu'il fallait renforcer la présence médicale et Bruno Fautrel *[chef du service de rhumatologie de la Pitié]* a été chargé de s'occuper de la coordination des soins en prison. Il a pris son rôle à cœur et avec la compétence et l'autorité qu'on lui connaît.

Ensuite deux nouvelles réunions sur RBI Mondor, en avalant quelque chose en quatrième vitesse au milieu pour ne pas mourir d'inanition. Le miracle va bien se produire : on va ouvrir le jeudi 9 avril, on va recevoir nos patients, je pense que ça va être extraordinairement utile. L'équipe mondorienne m'a envoyé une photo d'une chambre : c'est juste somptueux ! Quand on compare à des patients qui sont en réanimation à huit dans la salle de réveil d'un bloc opératoire, là ça va être autre chose.

J'ai tenu une réunion sur l'argent de la Fondation, avec le directeur qui est confiné à Bordeaux. On a récolté 33 millions d'euros. D'habitude dans l'année, on arrivait à 3 ou 4 millions, là on en a 33 qui sont rentrés. C'est beaucoup, et il faut faire en sorte que tout soit nickel, sans se laisser déborder par l'importance des dons. J'ai pleinement confiance dans Rodolphe *[Rodolphe Gouin, le directeur de la fondation]* et son équipe qui mettent leur point d'honneur à être à la fois ultra-rapides et parfaitement rigoureux.

Ensuite réunion de 18 heures, plus détendue que d'habitude puisqu'il y a plus de lits, même s'il n'y a toujours pas plus de blouses, mais elles vont arriver. On a pris un peu de temps pour discuter de la reprogrammation *[beaucoup de patients qui devaient être opérés en mars ont été « déprogrammés » et il va falloir les « reprogrammer »]* et pour se dire comment commencer à ne pas reconstituer l'AP comme avant. On envisage par exemple de demander à tous les chirurgiens orthopédistes d'aller opérer au même endroit, à tous les endoscopistes d'aller faire les endoscopies dans un seul site en leur disant : « Maintenant, vous les chirurgiens, on vous désigne un endroit où vous allez tous travailler ensemble, plutôt que chacun vous faire de la concurrence, et vous avez le choix : soit vous allez travailler dans cet endroit, soit vous continuez à faire du décubitus central et à retourner les malades dans les réanimations, mais il n'y a pas d'autre lieu. » D'abord ça nous a fait plaisir d'imaginer ça, et finalement on va quand même essayer de le faire.

Autre motif d'énervement quand on m'a dit que la prime n'était toujours pas donnée, parce qu'il paraît que certains s'y opposeraient, non pas dans le gouvernement mais dans le monde hospitalier arguant qu'ils ne voient pas pourquoi on ferait des différences entre les hôpitaux. Bon on verra demain.

Mercredi 8 avril

Bonjour,

Si nous pouvons espérer être entrés dans une phase de plateau – même s'il faut rappeler qu'il y avait plus de patients en réanimation hier que le jour d'avant –, personne n'oublie que c'est une phase de « haut plateau » et que ce n'est pas une phase plus facile pour les équipes. C'est aussi une période où le nombre de décès parmi les patients nombreux entrés en réanimation au cours des quinze derniers jours augmente, où la fatigue continue à s'accumuler, où les proches vous font ressentir le poids du confinement difficile à supporter, où parfois il y a dans le même foyer plusieurs soignants devant partager leurs difficultés.

Pendant cette période, les mesures de soutien ne se relâchent pas et continuent à se déployer. Nous parlions des transports hier, nous continuons avec les repas, nous continuons à enrichir l'offre présente sur Hoptisoins, nous continuons à diffuser toutes les initiatives de solidarité tournées vers l'hôpital.

Pendant cette période aussi, nous continuons à renforcer nos capacités à prendre en charge des patients, en accélérant la mise en service de nouvelles unités et de nouveaux bâtiments. Après avoir pu ouvrir de manière anticipée 16 lits de réanimation, nous ouvrirons demain un nouveau bâtiment à l'hôpital Henri-Mondor, qui n'aurait dû ouvrir qu'à la fin du mois de mai, grâce à une mobilisation exceptionnelle de l'hôpital, de l'AP-HP et des renforts qui nous ont rejoints.

Amitiés.

*

Il y a des jours plus compliqués que d'autres comme aujourd'hui, 8 avril. La matinée a été émaillée d'emmerdements, enfilés les uns après les autres.

Avec un premier débat : faut-il redéclencher un train de transfert de malades ou non. D'un côté, on a des lits disponibles – ce qui rend compliqué de demander encore des évacuations – mais de l'autre, cela continue à monter, ce qui peut rendre imprudent de ne pas se donner un peu d'air. Finalement, Aurélien Rousseau, un peu agacé par notre manque de répondant, a décidé de demander un train pour des patients hors AP-HP d'Île-de-France. Avec toujours la même tension : oui, c'est bien d'envoyer des patients à l'extérieur, mais on sait que c'est risqué. S'il y a des risques, alors qu'on a des lits disponibles, comment on s'expliquera ? Cela crée quelques tensions entre nous, certains ayant des opinions tranchées et d'autres étant plus hésitants. On comprend qu'on puisse avoir la pétoche. En tout cas, moi je suis partagé entre les arguments pour et contre.

Deuxièment, dans ce contexte tendu, je reçois un mail d'un chercheur de l'INRIA qui me montre les augmentations d'appels au SAMU la première semaine de mars, avec un message plein de sous-entendus : « Voilà des données qui sortent de mes courbes, qui montrent que ça a augmenté depuis début mars. La responsabilité des scientifiques qui auraient transmis d'autres données serait engagée face aux décisions d'arbitrage du confinement. » Je lui ai répondu tout de suite : « C'est quoi les sous-entendus dans votre message ? ? Est-ce que vous sous-entendez que l'AP a transmis de fausses données ? des données minimisées ? Qu'on n'a pas transmis ce qu'il fallait ? etc. » Il s'est excusé, ce n'est pas ce qu'il voulait dire… et ça se voulait constructif.

Troisièmement, la tension forte entre l'activité Covid et hors Covid, des chirurgiens impatients de pouvoir reprendre les activités.

Quatrièmement, la crainte d'un parfum de « retour comme avant », comme un effet indésirable du plateau : un peu moins de tension, tout le monde n'est pas tendu de la même manière vers le même objectif, et cette crainte épouvantable de voir resurgir l'AP d'avant, les réflexes d'avant, les égoïsmes d'avant. On sent qu'ils ne sont pas loin, qu'ils affleurent et qu'ils pourraient ressortir, et ça, ça donne un gros coup au moral.

Cinquièmement, le fait de n'y voir absolument pas clair sur le dépistage, le fait de se réveiller en pleine nuit en se disant mais comment expliquer qu'il n'y ait que 2 000 morts en Allemagne et 10 000 en France ? Et donc de ne plus avoir confiance dans ces éléments erratiques. Le fait de recevoir une instruction sur le dépistage en Ehpad qui va être complexe à mettre en œuvre. Le fait de recevoir encore un message d'un de nos professionnels disant que les agents qui prennent le métro sont au milieu des autres, sans masque, sans protection, dans des rames qui restent bondés. Bref, toute une série de craintes… La déception de savoir que le Premier ministre ne vient plus inaugurer notre bâtiment de Mondor, ce qui aurait été une belle marque de reconnaissance pour tout ceux qui se sont décarcassés pour qu'il ouvre si tôt… Moi j'y suis allé, c'est magnifique, ça devait ouvrir normalement début octobre et ça ouvre demain. On a gagné quatre mois et c'est phénoménal. Les équipes étaient fières, moi j'étais fier pour elles. En arrivant, j'ai croisé deux jeunes infirmiers qui arrivaient de Rennes pour y entrer. Tout mignons, tout contents avec leur grosse valise. Ils sortaient du train et ils se mettaient au boulot.

Voilà toute une série de signaux qui montrent des moments difficiles, et d'autant plus difficiles que tout l'extérieur pense que ça va un peu mieux.

Sixièmement, un appel du directeur de l'Agence du médicament pour me prévenir d'un problème sur un essai clinique fait avec les vers marins. Après m'avoir expliqué que l'un des cliniciens nous reprochait l'excès de formalités administratives et le temps démesuré pour élaborer le contrat avec la société, il m'apprend que, de toutes manières, il s'apprête à suspendre l'essai, autorisé depuis deux jours. Devant ma surprise, il me raconte. Un militaire a envoyé un mail à l'agence, sur l'adresse prévue pour les lanceurs d'alerte, en expliquant que le même produit a été utilisé, neuf ans auparavant, dans le cadre d'essais militaires secrets sur des porcs. Cela a provoqué une hypertension artérielle pulmonaire qui a tué les animaux. Cette information n'avait pas été portée à la connaissance de l'Agence du médicament. Elle sera examinée dans la journée, mais le plus probable est que cela conduise à suspendre l'essai. Donc, j'ai fait immédiatement vérifier qu'on pouvait tout bloquer, qu'il n'y avait pas un seul patient inclus. Et puis, effectivement, ce soir, j'ai eu confirmation de la suspension et j'ai découvert que beaucoup considéraient que le dossier n'était « ni fait ni à faire » : « Ah oui cet essai, on n'était pas convaincus mais on a eu tellement de pression pour le faire. » Et je leur disais : « Mais dans ce cas-là, quand vous avez de la pression, vous m'appelez pour que je vous enlève la pression ! » « Ah ben non, on n'a pas osé. » Donc ça, c'était la merde supplémentaire de la journée.

Qu'est-ce que j'ai eu d'autre ? Je ne sais plus ce que j'ai eu d'autres mais je suis sûr que j'en oublie ! Et tout ça dans un contexte où, à la fin de la journée, on se retrouve avec 75 patients en plus en réanimation, donc le plateau, c'est un plateau qui monte, c'est un faux plat comme on dit en vélo. Je pouvais être tout content d'avoir 130 lits disponibles, mais si on en prend 70 de plus par jour, ça ne dure que deux jours.

Voilà pour ce petit résumé de la journée qui n'est pas finie, je vais me faire gronder par Florence, mais j'ai encore quelques appels à faire, quelques mails auxquels répondre. Et puis je me fais engueuler parce que je n'ai pas ma sérologie depuis deux jours. Mais s'ils prennent cinq jours par patient, j'imagine qu'en avril 2028 on aura à peu près fait le tour des choses. Bonsoir.

Jeudi 9 avril

Bonjour,

Aujourd'hui ouvre notre nouveau bâtiment à Henri-Mondor, avec 5 mois d'avance sur l'ouverture prévue. C'était extraordinaire hier de voir là-bas une sorte de gigantesque ballet bien ordonné. On croise d'abord des jeunes professionnels qui arrivent avec leur valise ou leur sac à dos, d'autres régions, et qui rejoignent leurs collègues de l'AP-HP sans même prendre le temps de passer à l'hôtel ; on voit des ouvriers qui font les finitions ; on voit les techniciens qui règlent et vérifient les respirateurs avant leur mise en service ; on voit les professionnels qui arrivent par petits groupes pour découvrir le bâtiment et ses équipements pour bien le « prendre en mains » ; on voit des équipes RH faire jaillir des plannings à partir d'une feuille blanche ; on voit un directeur médical qui doit en même temps essayer de régler l'organisation d'une greffe pulmonaire sur un autre site et aider ses collègues pour l'organisation du lendemain ; on voit une petite lueur de fierté dans les yeux de tous, pas grande, pas trop visible, discrète, comme si on leur avait demandé un miracle et qu'ils l'avaient accompli mais que dans une période où il est demandé à tous de faire des « miracles », on doit cacher sa fierté dans un océan d'humilité. J'emploie le mot « miracle » avec des guillemets. Je ne crois pas aux miracles mais je crois à la capacité de dépassement quand la vie et la mort sont en jeu, je crois à la formidable dynamique collective, parce que nous la voyons à l'œuvre partout dans nos établissements pendant cette crise où personne ne peut dire « j'ai déjà vu ça » car elle est sans précédent.

Amitiés.

*

Deuxième message de la journée :

J'ai l'immense tristesse de partager avec vous tous la perte de deux membres de l'AP-HP, atteints par le Covid-19. L'un était vaguemestre à l'hôpital Bichat où il travaillait depuis 40 ans, où avait travaillé sa compagne qui vient de prendre sa retraite de l'hôpital Bretonneau ; il est décédé au sein de la réanimation de ce même hôpital. Le deuxième était électricien à l'hôpital Antoine-Béclère et nous avons appris tout à l'heure son décès à son domicile. Je viens de transmettre mes condoléances à leurs proches que je viens d'avoir par téléphone. J'ai été impressionné par leur courage ; l'un et l'autre avaient exprimé à leurs proches qu'ils savaient pourquoi ils se battaient et qu'ils contribuaient au combat commun. Je sais ce que cela signifie comme douleur pour les membres de la famille, pour les collègues du quotidien, mais plus largement pour toute la communauté hospitalière.

Je mesure ce que représente pour vous tous de recevoir un tel message et l'émotion, la crainte et peut-être la colère qu'il pourra provoquer, mais je mesure aussi la grande solidarité vis-à-vis des familles éprouvées, de celles et ceux qui sont aujourd'hui dans des services de réanimation et de l'ensemble de ceux qui, quelle que soit leur fonction, leur métier, leur responsabilité, exercent cette vie bien particulière au service des patients.

Des hommages seront rendus sur les sites et les directions des hôpitaux concernés ont assuré de leur soutien et de leur disponibilité les proches de ces deux collègues.

J'exprime ici ma pleine solidarité à leur égard, comme je l'ai fait auprès d'eux. Nous n'oublierons pas.

*

9 avril au soir. Une journée qui devait être tout simplement marquée par l'ouverture du bâtiment de Mondor, effectivement saluée par un bel article de *Libération*.

Et puis à 8 heures, j'ai un appel de l'Élysée, à nouveau. On me confirmait ce qui était envisagé la veille au soir : une visite du président de la République à Bicêtre pour rencontrer les équipes de recherche. J'avais essayé de plaider plutôt pour une visite à Mondor, où le nouveau bâtiment entrait en service le jour même. Je trouvais que c'était utile pour le Président de montrer qu'au-delà des évacuations sanitaires, nous nous étions donné les moyens de renforcer les capacités en Île-de-France et que les facilités apportées par le gouvernement pour simplifier toutes les procédures administratives avaient permis ce petit miracle : une ouverture anticipée de quatre mois. Mais je comprends que le thème de la recherche ne doit rien au hasard. Si le Président vient le matin rencontrer les chercheurs de l'AP-HP, c'est aussi parce que l'après-midi, il se rend à Marseille voir Didier Raoult. Cela permet de respecter un équilibre entre deux approches, disons, un peu différentes. Bref, je commence la journée en préparant l'accueil du président de la République à Bicêtre.

À Bicêtre, on s'apprête à le recevoir dans le bâtiment Barré-Sinoussi. Avant, épisode sympa, une interne vient me voir en disant : « Vous vous souvenez de moi ? » Je lui dis : « Pas du tout. – C'est moi qui vous avais écrit, parce que j'habite Rambouillet et que je ne savais pas comment venir. Vous avez répondu dans la minute, etc. » Elle vient avec sa chef de clinique. « Voilà, je ne pouvais pas savoir que vous étiez là, sans vous remercier. »

Emmanuel Macron arrive. Il était censé aller directement dans la salle avec les chercheurs. Ça avait été compliqué à organiser pour qu'on ne soit pas plus de huit dans la salle et pour qu'il n'y ait pas d'attroupement. Le Président était en retard et comme il y avait les équipes de sécurité qui étaient là avant, tout l'hôpital s'est douté de quelque chose. Du coup, quand il est arrivé, il y avait pas mal de monde pour l'attendre. Finalement, le Président, au lieu d'aller directement dans la salle, va là où il y a du monde. Et dans ce bâtiment où il y a des balcons intérieurs, les infirmières s'étaient toutes mises aux balustrades : comme si on était au théâtre. Le Président se met au milieu, et pendant quinze minutes tout le monde l'interpelle du balcon : « Mais pourquoi est-ce qu'on n'a pas de prime ? Et pourquoi vous vous intéressez à l'hôpital qu'à partir du moment où il y a 10 000 morts ? Et est-ce que les internes toucheront aussi une prime ? Et les élèves infirmières ? Et pourquoi on n'a pas de surblouses ?... » Toute une série d'apostrophes. Moi, je ne savais plus où me mettre, j'étais à côté de lui. Je me disais : « Putain ça va déraper... Il prend des risques et tout peut s'enflammer. » Et le Président, lui, répondait calmement à chaque interpellation : « Mais oui, je suis avec vous. D'ailleurs dans ma famille, je suis le seul qui n'ait pas fait médecine. » Et ensuite : « Mais je n'ai pas du tout attendu qu'il y ait 10 000 morts, j'avais déjà fait le plan "Ma santé 2022" avant... Je veux bien être responsable des deux dernières années, mais pas des trente dernières années... » mais les apostrophes redoublaient. Jusqu'à ce qu'au deuxième balcon, il y ait une infirmière qui dise : « Bon, il y a les applaudissements à 20 heures, mais est-ce que vous nous autorisez à nous applaudir ? » Là, elle lance le mouvement, suivie par tous ses collègues, et tout d'un coup, on se retrouve avec cet amphithéâtre résonnant d'applaudissements, le président de la République applaudissant lui-même, et un moment qui devient émouvant aux larmes. Cette infirmière a sauvé ce moment tendu pour en faire un moment de grâce.

Ensuite on se met dans la petite salle, tous debout, masqués, pour éviter de se contaminer, pas le droit d'être à moins d'1,50 mètres l'un de l'autre, avec notamment Jean-François Delfraissy, Xavier Mariette, Olivier Hermine, Didier Samuel, Philippe Ravaud..., sept-huit chercheurs, puisque le thème était la recherche. Et les démonstrations sont éblouissantes. Je crois que tout le monde était bluffé, le Président inclus. Suit une discussion sur Raoult où ils expliquent pourquoi il n'y a aucun début de preuve à tout ce qu'il prétend. Le président disait : « Oui, mais quand même... Il est de Marseille, et vous de Paris. Donc il faut que j'aille le voir parce qu'il y a cette rage de la province. »

Juste avant l'arrivée du président de la République, j'ai appris que nous avions un premier mort parmi notre personnel, un agent de Bichat qui y travaillait depuis quarante ans, ce qu'on appelle un vaguemestre, c'est-à-dire celui qui apporte le courrier, une figure aimée de tous, dont la compagne, secrétaire à l'hôpital Bretonneau, était partie à la retraite la semaine d'avant, dont la belle-fille, qui travaillait aussi à Bichat, soignait son beau-père dans le service… très poignant.

Entre-temps, je suis rentré à mon bureau, j'ai fait une petite réunion de crise avec le directeur du groupe hospitalier, la directrice et la DRH du site pour qu'elle m'explique qui était la victime, ce que l'équipe de direction avait fait. Entre-temps, j'apprenais un deuxième décès, cette fois un électricien de Béclère. Une histoire plus compliquée : quelqu'un qui avait été en arrêt maladie, qui n'avait travaillé qu'une journée au cours du dernier mois, mais cette journée-là il avait installé l'électricité dans une unité qui recevait des patients contaminés. Il vivait seul, il avait été retrouvé chez lui par la gendarmerie. On avait ces deux tragédies-là. La veuve du vaguemestre a été très touchée que je l'appelle, absolument extraordinaire : « Mon mari est mort pour la bonne cause… », pleurant, je l'encourageais : « Mais pleurez… », elle s'excusait de pleurer, s'excusait de me faire perdre du temps, me racontait qu'ils prévoyaient de prendre leur retraite ensemble. Bref, c'était très poignant, très très poignant. Ensuite j'ai appelé la fille aînée de l'électricien, elle aussi très digne, incroyablement digne.

J'ai dû donc écrire ce message que je redoutais tant, que j'ai envoyé à 100 000 personnes : « Aujourd'hui nous comptons deux morts parmi nos membres... »

À 16 h 30 j'avais la réunion que j'avais proposée à Anne Hidalgo pour qu'on puisse discuter ensemble des perspectives du déconfinement et des chaînes de transmission. Ça venait des discussions que j'avais eues avec des chercheurs, notamment Renaud Piarroux et Pierre-Yves Boëlle. Renaud Piarroux a travaillé sur le choléra en Haïti et sur Ebola en Afrique, et expliquait depuis quelques jours que le confinement ne pouvait pas suffire à lutter contre l'épidémie, qu'il fallait à un moment isoler les cas contacts pour casser les chaînes de transmission, et de l'autre, du coup, pouvoir libérer ceux qui n'étaient pas susceptibles d'être contaminants pour qu'ils puissent ne pas rester confinés. Cela supposait un certain nombre de mesures complexes mais indispensables : pouvoir mettre les gens à l'hôtel, pouvoir repérer où étaient les micro-clusters, pouvoir faire une enquête sur chaque cas, pouvoir intervenir... Et comme Anne Hidalgo, elle-même, avait fait des propositions au Premier ministre, je l'avais appelée ce matin en lui disant : « Anne, tu ne voudrais pas qu'on ait une petite réunion avec toi et ton adjoint ? Et de mon côté, Bruno Riou et Renaud Piarroux, pour qu'on puisse discuter du fond de ce qu'on pourrait faire d'intelligent à Paris, entre la Ville et l'AP-HP. » Tout le monde était constructif, pour une fois c'était complètement différent de l'ambiance habituelle. Piarroux et Riou, hyperclairs, proposant, structurant, montrant en quoi la stratégie du tout-*testing* n'avait pas de sens, que ce n'était pas simplement une question de masques, qu'il fallait faire des choses ciblées, que faire des grands trucs de *tracking* anonyme, ça n'avait pas grand sens. Comme dit Piarroux, si on repère des points anonymes, on sera content cinq minutes, mais on ne va pas mettre des masques à des points ! Mais si on contacte des gens, on peut cette fois prendre des mesures de prévention. Hidalgo à l'écoute, Missika son adjoint très impliqué dans la crise, ayant réfléchi de son côté. Et on a considéré qu'on pouvait faire une alliance forte en posant un schéma structuré entre la Ville de Paris et l'AP-HP, qui puisse servir de modèle de ce que j'appelle le « surdéconfinement », c'est-à-dire surconfinement pour les uns – ceux qui sont potentiellement contaminants – et déconfinement pour les autres.

Ensuite j'ai ouvert la réunion de crise de 18 heures en rappelant les deux morts en faisant une minute de silence dans une conférence téléphonique. C'était encore plus déroutant parce qu'on commence par demander aux gens de couper leurs micros de toute façon, donc on ne sait pas si la minute de silence se fait dans le vide, simplement parce que les gens ont coupé leur micro ou si les participants retiennent leur respiration. Le concept de minute de silence dans les *conf-calls* est assez spécial. Mais elle a eu lieu, et elle était nécessaire et quand on a repris, on sentait une extraordinaire émotion.

Et puis, à cette réunion, on a constaté que, pour la première fois depuis un mois, un mois et demi, je ne sais plus compter le temps, mais depuis le début de cette épidémie, nous avions moins de patients dans nos lits de réanimation ce soir que la veille, 6 en moins. Pour la toute première fois, le nombre de patients en réanimation baissait ! Avec ce contraste difficile qu'au moment où ça s'améliore un peu, le nombre de morts augmente, avec les patients qui sont entrés il y a plus de deux semaines. On sait déjà estimer qu'on aura en Île-de-France 3 500 morts parmi tous ceux qui sont à l'hôpital aujourd'hui. Et donc au fur et à mesure qu'on aura moins de patients en réanimation et qu'on aura l'impression que ça va mieux, de l'autre côté on aura de plus en plus de morts.

Voilà pour ce soir après une journée assez intense, du coup.

Vendredi 10 avril

Bonjour,

Impossible de mettre la moindre légèreté dans le message du jour, au moment où nous déplorons des morts dans nos équipes. Après les deux décès que nous avons appris dans la journée d'hier, nous avons appris dans la soirée un troisième décès d'un aide-soignant du service de radiologie polyvalente et oncologique de la Pitié-Salpêtrière. Je viens d'exprimer mes condoléances à son épouse et l'assurer de notre plein soutien. Beaucoup d'entre vous ont exprimé leur solidarité en réponse à mon message d'hier ou sous d'autres formes. Certains ont été étonnés de ne pas avoir les noms de leurs collègues. Nous veillons à avoir l'accord de leurs proches avant de faire part de leurs noms mais, sauf opposition de leur part, nous diffuserons quelques lignes plus personnalisées. Nous avons aussi connaissance de six membres du personnel de l'AP-HP qui sont actuellement dans des services de réanimation et vers lesquels se tournent nos vœux.

Ces très tristes événements se produisent à un moment où pour la première fois depuis plusieurs semaines, nous avons pu constater que le nombre d'entrées en réanimation était légèrement inférieur au nombre de sorties, ce qui est un signe important, mais nous savons tous que cela ne doit pas être sur-interprété et que le combat est encore très long et très difficile.

Amicalement.

PS : Vous êtes très nombreux chaque jour à me dire que ces messages quotidiens vous sont utiles et sont attendus chaque jour. Un petit nombre m'a fait part de ce qu'ils ne souhaitaient pas recevoir ces messages en me demandant d'être désinscrits d'une liste de diffusion générale. Je leur redis qu'il n'y a pas d'exclusion d'une liste qui concerne toutes les adresses mails de l'ensemble de notre institution, mais une liberté absolue de ne pas lire, comme il y a une liberté de lire, de répondre ou de ne pas répondre et de respecter l'ensemble des opinions respectueuses d'autrui.

*

Vendredi 10 avril. Ce matin, c'est le départ de Chardon 10, les deux TGV qui partent pour Bordeaux avec 46 patients.

Disons tout de suite que cette journée reste un tournant, c'est la première journée où le nombre total de patients en réanimation dans la région diminue, diminue de 6 unités. Il y a 6 patients en moins, mais avec quand même

185 entrées, contrebalancées par 191 sorties. Première fois que l'on peut dire qu'on est sur un plateau descendant, donc, à moins que ça augmente encore demain, le 10 avril restera ce jour-là. À tel point qu'on a considéré ce soir qu'on ne faisait exceptionnellement pas nos réunions ni demain samedi, ni dimanche, week-end de Pâques.

Mais c'est aussi une journée marquée par les trois décès que nous avons appris hier, le dernier hier soir. Juste après la réunion téléphonique, j'ai appelé la veuve de l'aide-soignant de radiologie, pour lui exprimer mes condoléances. Ensuite je suis parti à Bichat pour la minute de silence pour le vaguemestre, José. On s'est réunis dans la petite pièce de courrier de Bichat au rez-de-chaussée, tout étroite, on était une trentaine. Il y avait les autres vaguemestres, il y avait les pompiers, les agents de sécurité, les gens avec lesquels José interagissait le plus, et puis quelques autres personnes. C'était hyper émouvant. J'ai dit quelques mots, on a fait une minute de silence, et puis ensuite je leur ai dit : « Maintenant, que ceux qui le connaissaient bien nous parlent de José, nous racontent un peu qui il était. » Ses collègues, avec des sanglots dans la voix, nous ont raconté José, en s'excusant de n'avoir que des anecdotes à raconter. Ils ont parlé de match de foot et de plaisanteries quand son équipe favorite perdait.

L'un d'entre eux a rajouté : « La boule au ventre pour José... » Mais je lui ai dit : « Mais vous avez le droit de dire que vous avez la boule au ventre pour vous-même aussi. On a tous la boule au ventre pour nous, donc vous avez le droit de dire que vous avez la boule au ventre. Oui, vous pouvez avoir la boule au ventre pour José, vous pouvez avoir la boule au ventre pour sa veuve, que j'ai eue au téléphone hier, pour ses enfants, qui sont là, qui travaillent à l'hôpital aussi. Mais vous avez le droit d'avoir la boule au ventre pour vous-même. » Et tout ça était incroyablement digne et... je ne sais pas comment dire... c'est quand même des gens qui ne gagnent rien, qui font ce boulot, qui meurent, qui n'ont rien demandé. Effectivement, ils n'ont pas été parmi les tous premiers à disposer de masques... Et ils sont tous là, à se serrer les coudes, à vous remercier d'être là, à commencer leurs propos par : « C'est un grand honneur que vous soyez là. » Un peu gênant... C'est eux qui sont des hommes d'honneur.

Ensuite j'ai filé vers la Pitié-Salpêtrière, toujours pour le même motif de cette journée un peu macabre. Pour Charles Ravi, aide-soignant en radiologie. Il allait au chevet des malades dans les salles de réa : l'aide-soignant touche beaucoup les patients pour pouvoir faire les radios. Là, tout le service était rassemblé dans les couloirs, à un mètre de distance pour ne pas être trop proches. On a fait quelques discours. L'atmosphère était lourde, un peu différente, il y avait plus de larmes, on sentait un peu plus de tension pendant cet hommage et pendant cette minute de silence.

J'ai aussi appelé les membres de la famille d'agents qui sont en réanimation, j'essaie de les avoir tous au téléphone.

Ensuite j'ai filé rejoindre le préfet de Police. Je lui avais demandé de renforcer la sécurité autour de Saint-Louis et de Lariboisière, parce que souvent les infirmières m'écrivent pour me dire qu'elles ne se sentent pas en sécurité quand elles vont prendre leur train à Gare du Nord ou Gare de l'Est. Donc j'avais demandé de rajouter des policiers dans le coin. On a fait une déambulation avec le préfet de Police, on est partis de Lariboisière, on a marché jusqu'à l'hôpital Saint-Louis. À Saint-Louis, il y avait quatre policiers bénévoles qui viennent sur leurs journées de repos pour raccompagner les infirmières au métro et au train.

À l'AP-HP, on a eu un brainstorming avec Renaud Piarroux. C'est le parasitologue qui fait de l'épidémiologie et lutte contre les épidémies, qui était venu me voir le vendredi 13 mars pour me dire : « Tout ce qui est dit est faux et déconnant, moi je vais vous démontrer qu'en fait il va y avoir beaucoup plus de cas. » Il a une tête de baroudeur, il est marrant, il raisonne bien et je l'avais incité à s'exprimer dans *Le Monde* hier, pour qu'il dise qu'il fallait changer de stratégie, par rapport au confinement. Je l'avais mis en relation avec Anne Hidalgo dans une conférence téléphonique qu'on a faite hier soir pour tester ces idées. Je lui ai demandé de participer à la conférence de presse aussi pour qu'il fasse passer le message, parce que je n'ai pas envie de me faire avoir comme je me suis fait avoir il y a un mois. Maintenant, quand on pense savoir ce qu'il faut faire, on y va.

Autre brainstorming ensuite pour réfléchir sur comment passer à l'acte, c'est-à-dire comment faire même si on ne nous le demande pas, pour aller prendre les nouveaux patients, leur proposer d'être isolés, leur proposer d'aller à l'hôtel, leur proposer d'aller faire une enquête de voisinage, de prélever leurs familles, leurs voisins, pour essayer de stopper cette saloperie d'épidémie, pour la faire chuter. On va prendre des volontaires, on va organiser ça, on va mettre tout le monde en colère, parce que les gens nous diront que ce n'est pas notre rôle, mais après tout, si on attend qu'ils s'y mettent, on n'est pas sortis de l'auberge.

Ma déception d'aujourd'hui, c'est que j'ai raté mon bac : j'ai eu mes résultats. Mon bac, c'était d'avoir des anticorps. J'espérais avoir des anticorps mais mes résultats disent que je n'ai pas d'IGG. Par contre j'ai peut-être des petites

IGM qui commenceraient à monter, disons que j'ai un début d'infection. « Si j'étais vous, je me protégerais », me dit la virologue. Je pensais pouvoir vivre non masqué, il va falloir que je continue d'avancer masqué.

Hier, j'étais un peu de mauvaise humeur à cause des perfidies de quelques médecins qui me disaient que mes mails étaient extrêmement choquants et ne plaisaient à personne. Du coup, dans mon message du jour, j'ai mis un post-scriptum en disant : « Beaucoup d'entre vous, nombreux, me disent que mes mails quotidiens leur font du bien et qu'ils les attendent tous les matins. Un petit nombre me dit qu'ils ne les supportent pas. Je leur redis ici qu'ils ne sont pas obligés de les lire et que chacun peut être libre de ne pas les lire, de les lire, de ne pas répondre, de répondre, et que chacun a la liberté d'exprimer des opinions respectueuses des opinions d'autrui. » Et j'ai eu des centaines de personnes qui ont réagi : « Mais nous, on les adore, vos messages. On ne comprend pas comment quelqu'un peut ne pas les aimer. » Et ça m'a fait du bien.

Et ce récit ne serait pas complet si je n'évoquais pas des endives braisées au jambon, à la béchamel, première mondiale de Florence Noiville, qui a réalisé cela en direct avec des recettes de ma belle-mère, et c'était succulent, et je crois que c'est la première fois depuis 30 ans qu'elle cuisine quelque chose. Comme quoi, il a quelques effets positifs ce satané virus. Et au passage, je lui ai fait remarquer que ce n'est pas moi qui lui ai transmis le Covid, à la dame. Bonsoir, à demain.

Samedi 11 avril

Bonjour,

Sans oublier les lourdes et émouvantes minutes de silence d'hier et en sachant bien que la peine, la douleur et la solidarité seront bien plus durables qu'une minute, en vous remerciant pour vos très nombreux messages, je me permets de mettre un peu plus de légèreté dans mon message de ce samedi matin. Ce sont aussi les moments de légèreté qui permettent de supporter l'insoutenable.

D'abord en partageant cette photo d'une rencontre insolite en revenant de l'hôpital Lariboisière et de l'hôpital Saint-Louis où nous étions allés hier soir, à la suite de plusieurs remarques, renforcer avec la préfecture de police les mesures de sécurité sur les trajets des soignants. Photo d'un passant qui avait trouvé, j'imagine pour sortir quelques minutes du déconfinement, l'idée de promener son… perroquet. Je ne sais pas s'il a été contrôlé mais je me suis dit que son attestation devait être amusante à lire !

Ensuite et surtout, pour souhaiter que beaucoup d'entre vous puissent trouver au moins quelques heures de repos et de détente pendant ce week-end et un petit peu de récupération et de reprise de forces. Je ne sais pas si vous avez la même réaction que moi quand vous essayez de vous vider l'esprit en regardant un épisode d'une série ou un bout de film avant de dormir (en général on n'a ni le temps ni la force de regarder très longtemps), d'être étonné de voir les personnages se parler de près, se regrouper, se promener librement, s'embrasser, comme si le réel pénétrait dans la fiction, alors que d'habitude c'est la fiction qui nous permet d'échapper au réel !

Une petite pensée et un grand remerciement pour vos proches qui pourront peut-être profiter un peu plus de vous.

Amicalement.

*

Aujourd'hui, nous avons passé la matinée en comité extraordinaire d'hygiène et de de sécurité des conditions de travail parce que les syndicats ont déposé un « Danger grave et immédiat ». Dans ce cas, on doit tenir un comité dans les vingt-quatre heures, ce qui conduisait à le faire samedi matin. Sandra Fournier *[Sandra Fournier est médecin, infectiologue et coordonne toutes les équipes d'hygiène hospitalière de l'AP-HP. Elle joue un rôle clé pour élaborer les recommandations, suivre leur application, faire remonter ce qui ne va pas, être à l'écoute des difficultés, nous rappeler les règles à respecter]* a expliqué toutes les mesures. Les échanges ont été nourris et il me semblait que nous avions des réponses aux questions les plus importantes. Le véritable désaccord porte sur les FFP2. Les experts sont formels pour réserver ces masques à certaines situations et à ne pas en généraliser l'usage, en considérant que la plupart du personnel doit se protéger avec des masques chirurgicaux. Les syndicats pensent qu'on limite l'usage des FFP2 pour des raisons de gestion des stocks, ce qui n'est pas le cas.

À l'issue de deux heures d'échanges, ils ont maintenu le « danger grave et imminent ». Et voilà, une emmerde de plus.

Ensuite, grosse réunion téléphonique sur l'utilisation du nouveau bâtiment de Mondor. La question n'est plus de savoir comment l'ouvrir, puisque c'est fait, ni comment organiser l'équipe, puisque tout le monde est d'accord, mais selon quels critères y admettre des malades. On m'avait fait remonter que tout le monde se battait pour savoir qui pouvait y envoyer ses malades, donc on a imposé des règles équitables d'utilisation de ce bâtiment.

Mais l'après-midi et la soirée sont consacrées entièrement à écrire les propositions pour la suite. Une note sur l'après, sur le déconfiment, le surconfinement, le dépistage, l'isolement des suspects. J'ai écrit trois pages. C'était la première fois depuis des siècles que je pouvais me poser un peu pour réfléchir à la suite et le formaliser. Ça m'a fait du bien.

Dimanche 12 avril

Bonjour,

J'espère que celles et ceux qui travaillaient hier peuvent se reposer aujourd'hui et que celles et ceux qui travaillent aujourd'hui ont pu reprendre un peu de forces hier ou pourront souffler un peu demain, mais je sais qu'il y en a aussi qui auront travaillé ces trois jours.

Dans le grand nombre de beaux messages reçus hier, la photo d'une petite fille née vendredi à la maternité de Port-Royal, transmise par son papa, réanimateur dans un autre hôpital de l'AP-HP, avec ces mots d'accompagnement : « Nous avons eu un accueil et une prise en charge admirables de la part de tous comme toujours. Nous sommes soignants tous les deux, et nous avions envie de partager avec vous un peu de notre joie après la tristesse et l'émotion ressenties hier pour nos collègues décédés. » Tous nos vœux de bonheur pour cette petite fille et ses parents.

Dans les « naissances », il y a eu cette semaine celle d'un nouveau bâtiment de soins critiques à l'hôpital Henri-Mondor, qui joue un rôle important depuis le premier jour d'ouverture jeudi, avec une grande solidarité de la communauté mondorienne. Ce bâtiment est aujourd'hui connu à travers un sigle « RBI ». Il faut lui donner un nom. Je propose, dans ce contexte particulier, que nous puissions recueillir vos idées.

Une boîte mail a été créée pour cela :

Suggérez ! Proposez ! Participez !

Nous nous laissons vingt-quatre heures pour recueillir vos idées puis nous discuterons avec les équipes de Mondor pour qu'on puisse lui trouver un nom qui restera !

Amicalement

*

Dimanche 12 avril, premier jour depuis sept ou huit semaines sans aller avenue Victoria. Donc un peu de détente avec un long footing au bois de Boulogne. Assez magique, on avait l'impression d'être aux antipodes, loin de tout, à Central Park, à Chicago, à Singapour. Mais au retour, on a vu des policiers venir mettre des barrières et nous expliquer que maintenant c'est fini. C'était ouvert, mais maintenant cela sera fermé. On est les derniers autorisés à pouvoir marcher le long du petit lac artificiel du bois de Boulogne, pour rentrer.

Du point de vue du travail, ça a été dominé par la longue note, commencée la veille et qu'on a travaillée collégialement pour pouvoir la passer au gouvernement, à l'Élysée, à la ville de Paris. On s'y est mis à 10 pour finaliser une version qui nous convienne. Mais on est tous surmotivés. On a connu la première vague, la décroissance ne commence que maintenant et on est prêt à tout plaider pour éviter une deuxième vague. Repérer les cas, les détecter, les isoler, pour casser les chaînes de transmission.

J'appelle Jean Castex pour partager tout de suite nos réflexions avec lui. Il m'indique qu'il est sur la route entre Prades et Paris, quelque part vers Clermont-Ferrand, sur un parking d'autoroute pour pouvoir prendre réellement ses fonctions le lendemain. Il prend quand même le temps d'écouter notre raisonnement et me demande de lui transmettre la note. Il a fait appel à deux valeurs sûres, avec Didier Houssin et Benoît Vallet, qui sera passé ainsi en quelques semaines de la Cour des comptes à l'AP-HP, puis à l'agence régionale de santé puis à la mission déconfinement ! Je sens un bon accueil à nos idées. Il faut qu'on commence cette semaine sans attendre. Le jour du déconfinement, c'est pile dans un mois !

Ce samedi, ce dimanche, on n'a pas fait les réunions de 8 h 30 pour montrer qu'on avait le droit de se reposer, ni même celles de 9 h 30, juste la réunion de 18 heures qui a permis de constater que les choses étaient toujours plutôt calmes.

Voilà les nouvelles de cette journée. Attention on pourrait prendre de mauvaises habitudes. Demain, retour au bagne…

LUNDI 13 AVRIL

Bonjour,

Ce matin, j'ai eu envie, en guise de message du jour, de partager – avec son autorisation, à condition qu'elle reste anonyme – le message que m'a adressé samedi soir une infirmière de bloc opératoire et qui dit énormément de choses en quelques lignes de ce qui se passe dans nos hôpitaux :

« *Bonsoir,*

Je ne pensais pas vous écrire aujourd'hui, mais j'avais envie de partager quelque chose avec vous.

Je suis IBODE [infirmière de bloc opératoire] en stérilisation, en renfort en ce moment en réanimation en tant qu'aide-soignante. Aujourd'hui je me suis occupée d'un patient qui a été intubé pendant 15 jours, plusieurs séances de DV [décubitus ventral], la forme grave du Covid. Il est extubé depuis mardi. Ce matin lorsque je le rasais il me disait qu'il rêvait d'un shampoing ! J'ai soumis l'idée à ma collègue IADE [infirmière anesthésiste], et banco, Mr B. a eu son shampoing ! Il a adoré, et nous aussi. Quelle chance de pouvoir lui offrir ce plaisir si simple. Ne vous méprenez pas on n'a pas arrêté de la journée, mais on a pris le temps.

C'est dur d'être plongé dans ce milieu, les émotions sont décuplées, mais il y a une belle solidarité entre nous tous. J'avais perdu foi en l'hôpital public j'avoue, mais ce qu'il se passe en ce moment… bref, les mots sont difficiles à trouver pour l'instant.

J'espère que ce petit moment de vie vous donnera un peu de baume au cœur. C'est beau ce qu'il se passe à l'AP-HP, croisons les doigts pour qu'il y ait un avant et un après…

Bon dimanche.

C.

PS : On apprécie les repas améliorés, merci beaucoup ! »

Je vous souhaite une bonne journée ; je n'ose pas dire que ce lundi est un lundi ordinaire, car tous les jours sont des jours extraordinaires !

Amicalement.

*

Bonsoir, lundi 13 avril. Journée dominée par le passage à l'autre phase, après la note partie hier soir au gouvernement sur les idées défendues pour l'étape d'après. Aujourd'hui on a fait le plan pratique. On lance le pilote demain à la Pitié-Salpêtrière, mais on va le faire aussi en Seine-Saint-Denis et à Bichat. On a bossé comme des fous pour trouver un truc qui permette d'accélérer le passage du R0 qui est à 1,1 selon certaines sources, 0,7 selon d'autres, pour le faire passer à 0,2 ou 0,3, pour enfin maîtriser la situation. *[Le R0, c'est la mesure de la dynamique épidémique. Quand il est à 1, l'épidémie est stable. Chaque cas en contamine un autre. Quand il est à deux, la dynamique est exponentielle : un cas en contamine deux qui à leur tour en contaminent chacun deux autres. Quand le R0 est inférieur à 1, l'épidémie régresse.]* Un travail passionnant à faire.

Également aujourd'hui, toujours les débats sur la reprise d'activité. J'ai appelé le président des chirurgiens pour évoquer la question de l'activité libérale dans ce contexte. On convient tous les deux qu'il vaudrait mieux la mettre en veilleuse.

C'était lundi de Pâques, mais on a travaillé comme un lundi ordinaire dans ces jours extraordinaires, si je puis dire.

Belles et nombreuses réactions après le témoignage que j'ai intégré dans mon message de ce matin.

Toujours zéro prime pour les soignants, ce qui me rend complètement fou. Pourquoi est-ce si difficile de dire qu'on va leur donner des primes ? Ils font un effort considérable, ils sont les moins bien payés et on ne peut pas annoncer quelque chose de concret ? Alors que ça fait un mois que ça dure, un mois que c'est dur ! Comme on se disait avec François, on comprendrait qu'ils mettent « en grève » sur leurs masques, ce qui aurait un effet désastreux, mais on comprendrait, on a presque envie, nous-mêmes, de le faire. À bientôt.

MARDI 14 AVRIL

Bonjour,

Hier, pour la première fois en Île-de-France le nombre total de patients hospitalisés Covid+ a été stable, avec un + 0 % sur notre tableau de bord quotidien ! Et nous connaissions le 5e jour consécutif avec un nombre d'entrées en réanimations légèrement inférieur au nombre de sorties. Nous sommes bien dans ce que nous avons qualifié de « haut plateau », c'est-à-dire une stabilisation à un niveau très élevé, et toujours une augmentation du nombre de cas dans nos unités gériatriques de SSR [soins de suite et de réadaptation] et SLD [soins de longue durée], qui font face à des situations difficiles. Mais, nous pouvons partager plusieurs signaux encourageants.

L'AP-HP se mobilise pleinement pour contenir et faire régresser l'épidémie et ses conséquences : elle continue à inclure des patients dans des essais cliniques ; elle continue à promouvoir de nouveaux essais ; elle travaille à la qualification des tests de dépistage et des tests sérologiques ; elle va s'impliquer fortement dans la stratégie visant à pouvoir casser les chaînes de transmission qui persistent, en partenariat avec d'autres acteurs, consciente que son rôle ne commence pas quand les patients arrivent à l'hôpital, mais concerne aussi l'amont, l'avant et la prévention. C'est là aussi un élément essentiel qu'il ne faudra pas perdre de vue pour l'avenir : notre rôle dans la prévention, notre rôle dans la santé publique, notre rôle partenarial avec les autres acteurs de la santé et du social. Non seulement pendant cette crise, l'AP-HP s'est beaucoup « décloisonnée » dans son fonctionnement interne, mais elle s'est aussi beaucoup impliquée avec son environnement, ses partenaires. Nous veillerons à ne pas rétablir ces cloisons !

Amicalement.

*

Mardi 14 avril. J'imagine que tout le monde pense que ça se calme et qu'on se tourne les pouces… ce n'est pas vraiment la vérité.

On a tenu notre réunion de 8 h 30 avec certains de ceux qui m'avaient dit : « Mais pourquoi tu les maintiens ? Tu es sûr que ça sert encore à quelque chose ? » En fait, elle a duré une heure, tellement on avait de choses à voir, avec les tensions énormes qu'on a sur les reprises d'activité. Chacun a tendance à faire dans son coin. Ça tiraille dans tous les sens.

J'ai appelé Yann Parc, le président des chirurgiens. Il a réuni le bureau des chirurgiens, qui a pris position pour ne pas faire d'activité libérale jusqu'au 30 juin.

Réunion Recherche sur les différents projets. Aujourd'hui commence Prep-Covid, le premier essai qui concerne des soignants : un groupe de soignants qui vivent leur vie, un autre groupe auquel on donne de l'hydroxychloroquine, un troisième d'autres auxquel on donne de l'azythromycine.

Ensuite, grande discussion sur le sujet complexe de la coexistence des activités Covid et non Covid. On a l'impression désagréable d'avoir à freiner tous ceux qui veulent opérer du jour au lendemain et de jouer le mauvais rôle d'imposer la discussion de préalables. Du coup, surgissent de nombreuses questions : « Mais, comment je fais si mon patient est Covid avant un patient non-Covid ? Et comment je fais pour ne pas lui transmettre le Covid ? Et comment on règle le problème des chambres à deux lits. Est-il concevable de mettre, dans la même chambre, un Covid avec un non-Covid ?... » Toutes ces questions-là sont sacrément complexes.

Ensuite j'ai dû faire le « service d'ordre ». D'abord avec Piarroux, dont je découvre qu'il a donné une interview au *Point* le lundi de

Pâques, dont le titre est : « Comment je vais éradiquer l'épidémie de Covid à Paris », alors même qu'on essaye de faire des petits pilotes, tout doucement, de manière partenariale et en désamorçant les réactions du type : « Mais de quoi se mêle l'AP-HP, alors que normalement elle s'occupe de ses hôpitaux ? Pourquoi va-t-elle faire de l'épidémiologie sur le terrain et s'occuper des autres ? » Et donc on déployait des trésors de diplomatie, avec les médecins libéraux, avec l'agence régionale de santé, avec le préfet, avec l'ensemble des acteurs... Et le voilà qui déboule comme un éléphant dans un jeu de quilles à dire : « Moi tout seul, avec l'AP, je vais éradiquer l'épidémie dans Paris ! » L'inverse de notre stratégie de coalition ! Je l'ai appelé très en colère. Il me raconte qu'il s'est fait piéger : « Mais la journaliste était sympa... » Je rétorque : « C'est quand ils sont sympas que ce sont les pires !!! » Il était mal, je m'en voulais d'être aussi sévère, mais j'avais l'impression que cela pouvait faire capoter toute notre opération pour une histoire de susceptibilité et en même temps je savais ce qu'on lui devait et je continuais à le trouver bougrement sympathique et engagé.

Parallèlement, il y a ce cardiologue qui a envoyé un projet de communiqué qu'il veut sortir demain, expliquant qu'il lance un nouveau numéro d'appel national, le 0 800 quelque chose, où vous appelez, vous êtes branché sur un ordinateur et l'ordinateur vous dit si vous avez Covid ou pas Covid. Avec mille ordinateurs en batterie, etc. Donc un truc qui vient percuter le 15, qui vient percuter toute l'expertise Covid, une intelligence artificielle sortie de je ne sais où... Donc je l'engueule par texto pendant que je mène une réunion sur un autre sujet. Il me répond : « Mais non, j'ai l'accord de la DGS, de la DGOS *[la Direction générale de la santé (DGS) et la Direction générale de l'offre de soins (DGOS) sont les deux directions du ministère de la santé]* de tout le monde... J'envoie un message à tous en leur demandant : « Mais vous avez donné votre accord au projet ? » Et tous me répondent non, pas du tout. J'ai été obligé de cogner un peu. Cinq minutes après, j'avais un autre problème du même genre. Et à nouveau « Mais c'est fait par qui ? Avec qui ? Comment ça s'articule avec les autres trucs ? Etc. » Tous sont en train de sortir leurs projets, avec leurs petites boîtes, leurs petits financements, leurs petits noms... pour être les héros du Covid. Et on se dit que parfois ça complique plus que cela résout les problèmes.

Ce sont des initiatives comme ça qui prennent pas mal de temps, alors qu'on essaie de se concentrer sur Covisan, le projet qui permet de tracer les patients pour éviter la deuxième vague. On devait s'occuper des premiers aujourd'hui.

Finalement, ça a été un peu plus compliqué que prévu : la logistique, les bagnoles qui tombent en panne, etc. Mais normalement, demain à 10 heures, on s'occupe du premier patient. Patient, oui… mais surtout impatient…

Et tous ceux qui pensent, sous prétexte qu'on a atteint le plateau et qu'on a quelques malades en moins, qu'on se repose, que tout va bien, que c'est fini, qu'on peut aller à la pêche à la truite, ceux-là, on a envie de les éradiquer aussi… Bonne soirée.

Mercredi 15 avril

Bonjour,

C'était exactement il y a un mois, d'après le calendrier ; il y a un siècle selon nos mémoires.

Le 15 mars, dans la soirée, je vous adressais le premier message d'une longue série à l'issue d'un week-end très particulier. Le vendredi, alerté par l'un de nos chercheurs sur l'allure que pouvait prendre l'évolution de l'épidémie, nous avons lancé pour le samedi soir une réunion d'experts, avec des épidémiologistes, des réanimateurs, des modélisateurs de plusieurs institutions. Dans les échanges de la journée, nous sentions que tout allait converger vers des hypothèses plus hautes que ce qui était présenté jusqu'à présent comme une hypothèse haute. Nous avons passé tout le week-end à préparer le choc, à plaider pour que le confinement intervienne, à nous mettre en ordre de marche.

J'écrivais que tout le monde aurait à cœur de donner le meilleur de soi-même dans les circonstances exceptionnelles que nous allions vivre. C'est ce que tout le monde à fait. Tout le monde a donné le meilleur de soi-même pendant le mois qui vient de s'écouler et pourtant ce meilleur ne faiblit pas, car nous savons qu'il reste un inépuisable « meilleur de soi-même », dès lors qu'il continue à s'inscrire dans une volonté collective.

Et le troisième vœu – pouvoir bâtir un modèle différent –, ni vous ni moi ne l'avons oublié. Cette volonté aussi s'est plutôt renforcée.

Amicalement.

*

Je crois que je n'ai pas raconté qu'hier je suis allé à Raymond Poincaré et que j'ai échangé, pour la première fois, avec deux patients guéris après réanimation. Ils étaient un peu perdus, c'était bizarre. L'un expliquait qu'il était directeur juridique d'une société, l'autre qu'il était prof de gym, ils ne savaient plus combien de temps ils étaient restés. C'était impressionnant d'entendre leurs récits : arriver aux urgences, et puis se retrouver dans un autre hôpital, ne pas savoir d'où ils sortaient, c'était assez intéressant.

Aujourd'hui c'était principalement une journée consacrée au projet Covisan. Discussion avec

Hidalgo, discussion avec Missika, discussion avec les médecins généralistes, lancement des trois pilotes. On voit tout de suite à quoi ça sert : dès le premier jour, les équipes ont repéré un type de 80 ans, positif, avec une dame qui vient le voir tous les jours, qui va voir dix autres personnes âgées ailleurs, vecteur parfait... Voilà, c'est ça les chaînes de transmission, qu'on souhaite casser en passant un peu avec le bulldozer, en montant des partenariats avec tous ceux qui veulent foncer, et du coup nos camarades qui sont un peu inquiets, qui trouvent qu'on va trop vite ; ce qui est quand même un compliment par les temps qui courent.

VENDREDI 17 AVRIL

Bonjour,

Dans le cadre d'un partenariat de l'AP-HP avec Radio-France, aujourd'hui France Info – un mois jour après jour après le début du confinement – ouvre ses antennes aux équipes de l'AP-HP et aux patients et nous avons exceptionnellement entrouvert nos portes à leurs journalistes.

Cette crise aura été aussi l'occasion de renforcer les liens entre les grands services publics : très vite, nous avons pu discuter avec la RATP l'ouverture de lignes de bus réservées aux équipes hospitalières entre les grandes gares et les hôpitaux ; nous avons pu évoquer avec la préfecture de police les renforts nécessaires aux abords de certains sites ; la ville de Paris et d'autres communes ont maintenu des crèches ouvertes pour les enfants des professionnels avec gratuité ; avec un sentiment partagé d'appartenir au Service Public, avec des majuscules, c'est-à-dire au service du public, de tous les services publics. Et quand les services publics sont forts, ils peuvent alors travailler, sans lien de dépendance ni de subordination, en partenariat avec des acteurs privés, parce que l'objectif est clair et les relations établies dans une vision d'intérêt général portée par le service public, avec d'autres acteurs.

Amicalement.

PS : Je ne sais pas pour les plus jeunes, mais pour ceux qui sont de ma génération ou un peu plus âgés, il sera dur de ne pas avoir dans la tête aujourd'hui quelques airs de Christophe à fredonner et de ne pas penser un peu au sable mouillé...

*

Bonjour, on est aujourd'hui le vendredi 17 avril. Probablement un de ces quelques jours à la fois charnières et clés.

Il y a le dernier jour de janvier quand François fait la première note fondatrice, après les premiers cas importés ; il y a le dernier week-end de février, quand on réunit les experts pour repenser toute la stratégie au moment des premiers clusters ; il y a les 13 et 14 mars quand on se met à passer aux scénarios extrêmes ; il y a la fin mars quand on déclenche les évacuations ; il y a la nuit du 31 mars au 1er avril. Il y a quatre ou cinq moments charnières comme ça.

Et celui-là est probablement un moment-clé. Et comme tous les moments clés, ou peut-être le premier, ou le deuxième, assez chaud, assez controversé, au bras de fer. En fait non, ils ont tous été au bras de fer.

Il faut remonter au week-end de Pâques, que nous avons consacré à rédiger un document qui s'appelle « Quelques idées pour la suite, vues de l'AP-HP », où on montrait les enjeux, le risque qu'il y ait une nouvelle flambée, la coexistence des activités Covid avec les activités non-Covid, etc. Et on en déduisait qu'il fallait probablement passer à autre chose, et notamment être capables de casser les chaînes de transmission, en donnant un certain nombre de principes de cette nature.

Je l'avais envoyé à l'Élysée, à Matignon, à Delfraissy, au ministère de la Santé, à l'ARS. Ils m'en avaient accusé réception mais personne n'avait encore réagi sur le fond. Nous nous avions l'impression que chaque jour comptait. Le lendemain on s'était mis d'emblée à faire une déclinaison opérationnelle de cela, et on avait commencé à y travailler, notamment avec la Ville de Paris, avec quelques médecins généralistes et avec trois de nos services. Pour avancer, on a envisagé des pilotes, et puis les choses ont commencé à monter en mayonnaise. Et hier, on s'est dit qu'il fallait maintenant officialiser tout cela, et à ce moment-là, ça a failli partir en vrille. Pourquoi l'AP-HP se lançait-elle dans cette opération ? Quel rôle allaient jouer les collectivités ? La ville de Paris n'avait-elle pas des arrière-pensées ? Comment se feraient les réservations d'hôtel ? Comment allions-nous nous articuler avec une stratégie nationale ? Donc j'ai été chargé de faire quinze lignes pour l'Élysée et Matignon. Dans le quart d'heure qui a suivi je les ai faites passer à Aurélien Rousseau. Puis ensuite, rien de neuf. Jusqu'à ce que je comprenne, je ne sais plus comment, dans la soirée, qu'il commençait à y avoir du rififi. Je n'avais pas de nouvelles si ce n'est par Jérôme Marchand-Arvier. « J'ai eu un coup de fil bizarre du ministre du Numérique, Cédric O, me disant : « Mais c'est quoi votre histoire d'appli numérique ? Pourquoi vous vous lancez dans une appli ? » Or, à aucun moment on n'avait voulu faire une appli numérique. Et là, je me dis, si ça se trouve, ils n'ont pas lu les quinze lignes et se sont persuadés que notre projet était de faire une application concurrente aux autres. Donc, j'appelle en urgence le directeur adjoint du cabinet du Premier ministre, Thomas Fatome, qui me confirme mes craintes : personne ne comprend pourquoi on est partis si vite et tout le monde s'interroge sur cette drôle de coalition que nous sommes en train de monter.

Je lui fais repasser les quinze lignes et m'efforce de le rassurer : « Mais tu sais, on a prévenu avant, on a commencé prudemment, tout se passe bien. » Il me remercie : « Bon, ce soir, tout le gouvernement va y réfléchir, on va avoir une position, je pense que les ministres vont faire un communiqué. »

Le lendemain matin, 6 h 45, j'ai un SMS d'Aurélien me disant : « Les ministres ont failli faire un communiqué qui probablement ne sortira pas, je t'appelle dans une demi-heure. » Une demi-heure après il me dit que finalement les ministres ont décidé, vers une heure du matin, que ça serait à nous de faire : « Je te propose qu'on fasse un point de presse, le préfet de région, toi et moi. »

À 11 heures, on annonçait donc officiellement le lancement de Covisan.

Là on a commencé à voir le moment où on tenait tous les bouts, je déteste cette expression, mais tous les bouts de l'omelette : la Ville de Paris, le préfet, l'ARS, la mission Déconfinement, la région et la médecine de ville. J'avais eu un membre de la mission Déconfinement avant, qui trouvait que ce qu'on faisait était génial, d'ailleurs. Et donc, certains qui renaclaient encore juste parce qu'on allait vite. Mais face à une épidémie, en fait, il faut aller vite, c'est beaucoup mieux. Entre-temps, on avait mis la Croix-Rouge dans le coup, et notre coalition commençait à avoir une sacrée gueule. Avec une dépêche AFP qui est sortie à 15 h 58, une minute avant le début du conseil de surveillance qu'on réunissait sous la présidence d'Anne Hidalgo. Heureusement, parce que cela aurait fait un peu désordre de devoir dire qu'on attendait encore le feu vert officiel.

Quand je dis que c'est un truc clé, c'est qu'effectivement on va se mettre à isoler les gens, leur proposer des solutions, casser les chaînes de transmission, aller les chercher dans leur foyer, aller les chercher chez eux, et probablement que c'est ça qui va permettre le déconfinement et éviter la flambée, mais ça va être un boulot de dingue. Je rentre rincé, crevé.

Entre-temps, j'ai essayé de trouver un psy pour un vieil ami qui en avait un besoin urgent, et je dois avoir plein d'autres choses absurdes à vous raconter, mais je ne les retrouve pas... Je vous salue, bien bas.

Vendredi 24 avril

Bonjour,

C'est une évolution favorable qui apporte un soulagement. Depuis plus de trois semaines, le nombre de personnels identifiés positifs au Covid-19 diminue continûment. Il est intéressant de superposer l'évolution du nombre de patients Covid+ hospitalisés dans nos hôpitaux et l'évolution du nombre de personnels identifiés Covid+. Pendant que le nombre de patients Covid + pris en charge augmentait, le nombre de personnels identifiés Covid+ diminuait, comme le montrent les courbes ci-dessous.

C'est l'effet conjugué de la généralisation du port du masque à l'hôpital, du confinement et des précautions prises par tous les professionnels, aidés par le remarquable travail des équipes opérationnelles d'hygiène.

Ces évolutions encourageantes ne nous font pas oublier les trois décès que nous avons déplorés et les huit professionnels qui sont en réanimation. Elles ne conduisent pas non plus à relâcher l'effort, mais bien au contraire à le renforcer : continuer à améliorer les équipements de protection et à résoudre les problèmes d'approvisionnement ; pratiquer la friction hydroalcoolique des mains ; être vigilants pendant les périodes de pause ou de détente ; mettre en œuvre le document « Parcours des patients et protection des personnels » qui a été validé en début de semaine.

Le programme « Covisan-pro », pour lequel une information sera faite dans la journée permettra également de renforcer encore la protection des personnels et de leur entourage.

Je vous souhaite une bonne journée.

Amicalement.

*

Vendredi 24 avril. Les trois derniers jours ont tous été occupés par Covisan, à se battre. Le système commence à marcher, on a 200 patients qui sont inclus dedans, on a mis autour de la table Anne Hidalgo, Valérie Pécresse, Stéphane Troussel, Médecins Sans Frontières, la Croix-Rouge, la Protection civile, des autres villes, les médecins libéraux, les pharmaciens, l'hôpital, Et alors qu'on se démène dans tous les sens, on nous met encore des bâtons dans les roues en disant que c'est pas comme ça qu'on devrait faire, en nous demandant encore pourquoi on a commencé si vite, pourquoi on a fait si tôt, alors qu'on travaille jour et nuit là-dessus. C'est pour ça que je n'ai même pas eu le temps de faire des messages, tellement j'ai passé de temps à convaincre.

J'étais à Aubervilliers hier, à la Pitié avant-hier. On travaille à fond la caisse dans cette course contre la montre pour casser les chaînes de transmission et pour qu'ils puissent lever l'embargo *[en fait je voulais dire le confinement, mais j'ai dû faire un lapsus qui m'a replongé dans la crise de la vache folle]* le 11 mai, sans qu'on se retrouve avec une explosion et une deuxième vague.

Bon, ça m'avait bien occupé la journée tout cela... Voilà, voilà.

Dimanche 26 avril

Bonjour,

Un petit message très simple ce matin, de solidarité et d'encouragement pour tous ceux qui travaillent ce dimanche... et pour tous ceux qui peuvent en profiter pour reprendre un peu de forces.

Et un petit clin d'œil. Il y a quelques années, un ami m'a offert un jeu qui s'appelle « Pandemic », un jeu de société avec différents personnages (scientifique, expert opérationnel, chercheuse, planificateur d'urgence, médecin, spécialiste en confinement, répartiteur). Je ne l'ai jamais ouvert, je n'y ai jamais joué, mais après quelques semaines de pandémie, j'ai été piqué par la curiosité d'en lire le manuel d'instructions et j'en retiens une phrase : « Pandemic est un jeu coopératif. Les joueurs gagnent la partie tous ensemble, ou la perdent tous ensemble. Chaque joueur incarne un rôle particulier et met ses compétences individuelles au service du groupe pour lui donner de meilleures chances de l'emporter. »

Ce que nous vivons n'est pas un jeu, mais ce que nous vivons est bien une stratégie coopérative, qui fera gagner tous ensemble. Je vous souhaite un bon dimanche.

Amicalement.

*

Enregistrement du dimanche 26 avril

Une grosse polémique sur l'état de nos stocks de curares, imposant de nous justifier sur la manière dont nous les gérions, m'a éloigné pendant une journée de ce que nous considérons comme le combat essentiel du moment : comment on casse ces putains de chaînes de transmission de ce virus qui existe, qui doivent concerner 5 000 personnes en France chaque jour, 5 000 nouvelles contaminations, 2 000 en région Île-de-France, et sur lequel on a l'impression de passer plus de temps à se demander sous l'égide de qui on doit s'organiser qu'à se lancer dans l'action. Or le programme Covisan est déjà riche d'enseignements. Je ne comprends pas pourquoi il suscite plus d'oppositions et de sarcasmes que d'adhésions, alors que la roue tourne, que l'horloge avance, que la course contre la montre a commencé, puisque nous sommes aujourd'hui à quatorze jours de la fin du confinement, et donc qu'il faut, pour pouvoir lever le confinement, que le nombre de contaminations soit le plus bas possible, et beaucoup plus bas qu'il ne l'est actuellement, que le virus circule moins. Et pour cela, il faut agir, il faut intervenir, il faut détecter ces cas, détecter les contacts, avancer, et le faire chaque jour. Pas commencer à le faire dans quatorze jours, après avoir passé treize jours à discuter entre administrations de savoir qui doit prendre le *lead* et quel doit être le format du bordereau. Et donc ça, ça m'en a distrait. J'ai dû reprendre le travail ce matin, à 4 heures du matin, pour défendre Covisan, envoyer un argumentaire à toutes les autorités de l'État, en demandant qu'on se penche sur la réalité de ce programme, pas sur les fantasmes qu'il provoque. Je me console en pensait à ce que disait le père Gandhi : « *First they ignore you, then they laugh at you, then they fight you and then you win.* » *Now, the question is how to win against the virus.*

À propos de gagner contre le virus, petite histoire… Comme vous savez et vous pouvez le regarder que je fais mes mails quotidiens à 100 000 agents, aujourd'hui je l'ai fait sur le thème du jeu *Pandemic*, ce jeu coopératif dans lequel on gagne si tout le monde s'allie… le seul jeu dans lequel soit tout le monde gagne soit tout le monde perd, et donc il faut travailler ensemble pour le faire. Ce petit message a eu beaucoup de succès dans la maison, et c'est rigolo parce qu'au début je ne voulais pas l'envoyer, l'inspiration me manquait, et finalement c'est quand on n'est pas inspiré qu'on s'en sort le mieux.

Je vous dis bonsoir, et à demain pour de nouvelles aventures, il ne manquera pas de se passer quelque chose. Dans Covidland, il se passe tous les jours quelque chose.

LUNDI 27 AVRIL

Bonjour,

Toutes mes excuses pour le caractère tardif de ce message quotidien mais cela me permettait de partager, en temps réel, avec vous tous, une nouvelle pleine d'espoir avec des premiers résultats encourageants des essais cliniques, issus de la plateforme Corrimuno promue par l'AP-HP, à laquelle de nombreuses équipes ont participé et qui est le fruit d'un travail collaboratif et le résultat de cette mobilisation exceptionnelle autour de la recherche, dans cette course de vitesse menée sans compromis avec la rigueur scientifique et éthique :

https://www.aphp.fr/contenu/le-tocilizumab-ameliore-significativement-le-pronostic-des-patients-avec-pneumonie-covid

Notre institution et ses partenaires partagent cette nouvelle encourageante pour l'ensemble des patients.

Je vous souhaite une bonne journée.

Amicalement.

*

Eh bien aujourd'hui, 27 avril, c'est une journée importante, dominée, ça m'a pris pratiquement la plus grande partie de notre journée, par l'annonce du premier résultat obtenu sur une approche thérapeutique permettant d'attaquer Covid, après un essai contrôlé, *randomisé*, de bonne qualité.

Mercredi 29 avril

Bonjour,

L'un d'entre vous m'a écrit pour raconter les difficultés qu'il avait traversées en étant diagnostiqué Covid+, arrêté deux semaines chez lui, confiné avec ses enfants : « *Je me suis senti SEUL dans mon angoisse et ma souffrance ; je regrette qu'il n'y ait pas eu ce support psychologique et logistique pour le personnel de santé malade et confiné chez lui. [...] Je constate que cet aspect-là de la prise en charge a été corrigé et je m'en réjouis. »*

Il avait été mis en place dès le début un numéro d'écoute « psy » 24/24 et les équipes de psychologues se sont toutes mobilisées pour accompagner leurs collègues. C'est l'occasion pour moi de les remercier pour ce qui a été fait, pour ce qui continue à se faire, avec un grand professionnalisme, une grande humanité et une grande disponibilité. Cet accompagnement vaut pour ceux qui travaillent comme ceux qui sont arrêtés et il ne faut pas hésiter à l'utiliser.

Pour ce qui est du support logistique, c'est l'un des objets de Covisan-pro de pouvoir l'améliorer et le renforcer. C'est une dimension importante, dont certains aspects ont été traités dès le début, d'autres se sont mis en place dans un deuxième temps, et il est important que l'information soit bien communiquée et connue pour que celles et ceux qui en ont besoin puissent y avoir accès.

Je vous souhaite une bonne journée.

Amicalement.

Samedi 2 mai

Bonjour,

Je souhaiterais aujourd'hui, après avoir passé un moment à la chambre mortuaire de l'Hôpital-Européen-Georges-Pompidou, rendre hommage, en notre nom à tous, à toutes les équipes des chambres mortuaires. Déjà, bien avant la crise, elles avaient pris l'initiative d'être très présentes dans la démarche du « label hospitalité », soucieuses que l'hospitalité reste une valeur forte dans ces services qui accueillent les familles.

Pendant la crise du Covid, les équipes des chambres mortuaires doivent faire face à des conditions particulièrement difficiles et ont comme souci permanent le respect absolu de la dignité. La démarche de soin ne s'interrompt pas avec le dernier soupir. Elle se prolonge dans les chambres mortuaires, elle se prolonge avec les familles, elle se prolonge au téléphone ou en présentiel. Elle est d'autant plus importante que les restrictions sont plus fortes, que les mesures réglementaires sont complexes à mettre en œuvre et difficiles à vivre pour les familles. Merci à toutes ces équipes qui font preuve d'une humanité remarquable, qui le font avec une discrétion revendiquée, avec un professionnalisme sans faille.

Je vous souhaite une bonne journée.

Amicalement.

DIMANCHE 3 MAI

Bonjour,

La semaine prochaine va à nouveau être une semaine importante et sensible, avant le 11 mai. Je vois dans les messages que je reçois beaucoup d'interrogations sur cette échéance. Comment cela se passera pour venir à l'hôpital avec des transports en commun qui seront davantage fréquentés ? Si je viens en voiture est-ce que je pourrai me garer ? Est-ce qu'il ne va pas y avoir des nouvelles chaînes de contamination ? Qu'en est-il des mesures mises en place pour aider et soutenir les personnels : vont-elles s'interrompre le 11 mai ?

Nous serons particulièrement attentifs tout au long de la semaine à pouvoir apporter des réponses à vos interrogations, à continuer de vous soutenir et à prendre en compte du mieux possible vos besoins.

D'ores et déjà, nous pouvons vous dire que des masques tissu pourront être délivrés pendant la semaine à tous ceux qui prennent les transports en commun, que la gratuité des crèches ne s'arrête pas le 11 mai, que bien sûr Hoptisoins se poursuit et beaucoup d'autres réponses seront apportées. Soyez bien attentifs à lire 7 à l'AP-HP !

Nous pouvons aussi vous dire que nous continuons à considérer que chaque jour compte dans la course contre le virus et que chaque jour il faut faire le maximum, en s'appuyant sur ce que nous avons pu faire monter en charge dans cette perspective ; les centaines de personnes formées cette semaine sont opérationnelles pour pouvoir amplifier les interventions pour casser les chaînes de transmission et monter en puissance ; comme nous le partagions hier lors de la formation à Picpus : « Chaque fois que l'on parvient à interrompre une chaîne de contamination, c'est un peu plus de sécurité pour un peu plus de liberté. »

Je vous souhaite un bon dimanche.

Amicalement.

Lundi 4 mai

Bonjour,

J'espérais trouver un peu de temps pendant le week-end pour répondre aux nombreuses réponses que vous adressez aux messages quotidiens et auxquelles je n'avais pas encore pu répondre. Je n'ai pas pu faire toutes les réponses individuelles que je souhaitais, mais ayez l'assurance qu'il continue d'être tenu compte des propositions qui sont faites et que beaucoup d'ajustements ont pu être réalisés grâce à ces remontées et je vous confirme qu'il sera répondu aux nombreuses questions qui portent sur les conséquences du déconfinement. Et nous sommes particulièrement actifs pour que les programmes Covisan et Covisan-pro, qui sont montés en puissance, renforcent leurs effets chaque jour, car c'est un élément de réponse important aux questions que vous vous posez sur la réduction des chaînes de contamination, pour sécuriser ce processus pour toute la population, pour vous et pour vos proches.

Je vous souhaite une bonne journée.

Amicalement.

*

Lundi 4 mai. Des profs de médecine ont publié une tribune dans le *Figaro*, « Libérons l'hôpital du fléau bureaucratique ! », comme si c'était nous le fléau ! Dans *Libération*, ils ajoutent : « Les médecins ont repris la main face à l'administration. » Moi j'ai plutôt l'impression qu'on travaille la main dans la main et que ceux qui donnent les leçons ne sont pas ceux que je vois le plus au front.

Du coup, la réunion de crise de 18 heures, je l'ai commencée un peu sèchement : « Pendant la crise, on a tous travaillé de manière cohérente, en pleine cohésion. Même en étant au charbon, on a tous essayé de réfléchir à l'hôpital de demain. Mais je peux vous dire une chose, l'hôpital de demain ne se fera pas les uns contre les autres, les uns sans les autres, les uns sur le dos des autres, les uns dans le dos des autres, les uns ayant toujours raison contre d'autres qui auraient toujours tort. L'administration n'est pas un paillasson sur lequel on s'essuie les pieds. Pour ma part, je travaillerai sur l'hôpital de demain avec tous ceux qui veulent, de manière collective, en essayant de mettre tout le monde autour de la table, sinon l'hôpital de demain aura un amer arrière-goût de l'hôpital d'avant. »

Voilà, j'espère que ça va donner envie de ranger les couteaux.

JEUDI 7 MAI

Bonjour,

Ce message, aujourd'hui, pour vous dire que nous faisons tout pour aborder dans les meilleures conditions le « passage du 11 mai ».

En premier lieu, nous n'interrompons pas les différents mécanismes d'aide et de soutien mis en place depuis le début de la crise. Hoptisoins continue, le télétravail reste une modalité préférentielle quand il est possible, les mécanismes d'accueil des enfants restent activés, pour prendre quelques exemples. Un « 7 à l'AP-HP » qui sera diffusé dans la matinée reprend les principales questions qui sont remontées pour y répondre au mieux et lever les incertitudes que vous pouvez avoir.

En second lieu, la montée en charge du programme Covisan a permis hier d'atteindre déjà 1 000 personnes, patients et contacts, qui ont pu bénéficier d'une intervention, d'une aide et d'une solution.

J'entends parfois la question : est-ce qu'en initiant ce programme nous avons dispersé des forces utiles pour nos missions premières hospitalières ? La réponse est doublement non ! D'abord, parce que les forces mobilisées dans Covisan sont très peu des équipes hospitalières – à part une partie des formateurs que je remercie à nouveau pour leur implication impressionnante dans le cœur battant de Picpus – mais très très majoritairement des volontaires et des partenaires qui nous ont rejoints. Ensuite, parce que, en nous mobilisant pour aller au-devant des chaînes de contamination, nous avons comme souci premier d'éviter le risque d'une deuxième vague que les hôpitaux devraient supporter. C'est bien parce que nous avons vu de près monter la première vague qu'il nous est apparu évident qu'il fallait rester aux avant-postes et tout faire pour réunir le plus grand nombre d'acteurs sans attendre passivement la deuxième vague. Primum non nocere, mais aussi : Primum non subire.

Je vous souhaite une bonne journée.

Amicalement.

Dimanche 10 mai

Bonjour,

Depuis le début de cette période de crise majeure, l'AP-HP a su adapter son fonctionnement et son organisation pour faire face aux défis considérables soulevés par le Covid-19. Personne ne souhaite le retour au fonctionnement d'avant.

Nous savons que les risques ne sont pas nuls : parce que pendant une période, la prise en charge du Covid-19 dominait tout le reste et faisait converger l'ensemble des intérêts et qu'il faudra maintenant à la fois prendre en charge le Covid-19 et toutes les autres activités ; parce que nous étions aidés pour que les autres contraintes soient considérées comme secondaires par rapport à celle de la lutte contre le fléau épidémique ; parce que des mesures exceptionnelles ont été mises en œuvre et qu'elles ont contribué à nous permettre de faire face.

Mais nous savons aussi que nous pourrons conjurer ces risques : parce que nous avons su travailler différemment et que tous ceux qui l'on fait y ont pris goût ; parce que nous avons trouvé à agir de manière partenariale, à l'intérieur de l'AP-HP et avec des acteurs externes, et que nous pouvons conserver cet état d'esprit ; parce que nous avons tous conscience que le moment est crucial.

Comme je m'y suis engagé au tout début de la crise, nous ferons en sorte que chacun puisse contribuer et proposer pour que la réflexion soit collective, large et qu'elle transcende les catégories professionnelles.

Je vous souhaite une bonne journée.

Amicalement.

Lundi 11 mai

Bonjour,

Hier, à la veille du déconfinement, nous comptions 469 patients dans nos lits de réanimation, à comparer aux 1 105 que nous avions un mois plus tôt. Cela reste un nombre important, même s'il diminue régulièrement jour après jour, et cela continue à représenter une part très significative de nos capacités totales de réanimation. Le nombre qui augmente, et dont nous nous réjouissons, est celui des patients retournés à leur domicile qui s'élevait à 6 605 hier.

C'est pour cela que nous ne « désarmons » pas et que nous sommes autant mobilisés pour accompagner le processus de déconfinement, pour faire monter en charge nos plateformes de PCR, pour mobiliser les équipes mobiles, pour suivre au jour le jour les indicateurs, pour faire passer les messages de prévention auprès de la population, pour maintenir des organisations de crise, pour nous préoccuper de maintenir des capacités de recrutement et de renforts pour les semaines et les mois qui viennent.

Je vous souhaite une bonne journée.

Amicalement.

Vendredi 15 mai

Bonjour,

Ce matin, le président de la République était à l'AP-HP. Il a passé toute la matinée à la Pitié-Salpêtrière, avec le ministre de la Santé, comme il s'y était engagé lorsqu'il était venu le 27 février dernier. Quatre temps : un temps avec les représentants des médecins autour du président de la CMEL de AP-HP- Sorbonne-Université, une cadre et la direction ; un temps avec des représentants du collectif interhospitalier ; un temps avec les représentants syndicaux du site ; un temps dans le service d'accueil des urgences, lieu choisi par les représentants du personnel.

Cela a été l'occasion de parler des enseignements de la crise pour que l'après ne ressemble pas à l'avant. Des engagements fermes du président de la République sur les rémunérations et les carrières, et la promotion professionnelle, sur l'investissement, sur la souplesse et l'innovation, et sur les logiques de territoire entre hôpitaux, médecine de ville et médico-social. Un sentiment d'urgence partagé par tous. Et de la part des professionnels, un discours sur le sens, sur l'équipe, sur la reconnaissance, sur la vocation, et sur la volonté d'être à la hauteur des attentes et des besoins de la population.

C'est un moment important parce que nous avons tous conscience que l'après se joue maintenant.

Je vous souhaite une bonne fin de journée. Amicalement.

TROISIÈME PARTIE

Chapitre 1

Populisme scientifique contre démocratie sanitaire

Une avancée dans la démocratie sanitaire, un recul avec l'émergence du populisme scientifique, c'est un des paradoxes de cette crise et pas des moindres.

La science est souvent mise sur un piédestal. Depuis des années, on demande aux chercheurs de bien vouloir sortir de leur tour d'ivoire. D'oser communiquer. De vulgariser leurs connaissances.

Cette fois, ils ne se sont pas fait prier. Ils ont monopolisé les ondes, colonisé les plateaux de télévision, fait de la science en continu. Probablement jusqu'à l'excès.

Ils étaient vraiment très présents. Au plus fort de la crise, quand j'ai demandé du renfort, le directeur général de l'agence régionale de santé de PACA m'a dit : « Je veux bien essayer de mobiliser des médecins. Mais quand je leur dis que tu as besoin de renforts, ils me rétorquent : "Ils sont sûrs d'avoir besoin de médecins, avec tout le temps qu'ils passent sur les plateaux de télévision ?" Un soir que nous étions dans notre cellule de crise quotidienne du soir, j'en ai eu un peu assez de voir l'un des experts, normalement membre de la cellule de crise, en permanence sur le plateau de BFM, car nous avons des écrans dans notre salle de crise. Je lui ai envoyé un SMS : « Vous ne devriez pas abuser des plateaux. » Il m'a demandé si mon SMS était un message de censure et si cela me gênait qu'il le transfère à ses amis journalistes.

On ne peut pas blâmer les télévisions de faire appel aux médecins et aux experts. On ne peut pas blâmer ces experts d'aller faire œuvre de pédagogie. Mais attention à l'overdose. Beaucoup d'analystes se sont déjà « amusés » à mettre bout à bout les citations des mêmes experts, oscillant entre grippette, tragédie, petite vague, pandémie, pas de masque, des masques, oui à la chloroquine, non à la chloroquine. Des experts se contredisant entre eux, d'autres se contredisant eux-mêmes à peu de jours d'intervalle. L'impression donnée qu'ils avaient le temps d'y aller, comme s'il n'y avait pas assez de travail. Préconiser le confinement, tout en allant physiquement sur les plateaux.

Il y avait quelque chose de frénétique, avec un mélange de bonnes motivations – le souci de la transparence, le partage des doutes, le devoir de partager son savoir –, mais d'autres plus discutables : la peur de ne pas exister, la compétition entre experts. L'envie de paraître plus intelligent que les autres. Le besoin de répondre aux collègues. Le plaisir de les contredire.

Oui, il faut informer. Oui, il faut se sentir libre de dire ce qu'on pense, et surtout ce qu'on pense utile de faire passer comme message, que cela soit vis-à-vis des autorités ou du public. Mais faut-il débattre des heures ? parler de sujets sur lesquels on est moins experts que les autres ?

J'ai proposé au directoire de l'AP-HP de diffuser une consigne de « modération ». Ceci après qu'on m'ait fait remarquer qu'il semblait non légitime d'envoyer des renforts si on avait tant de temps à consacrer aux plateaux de télé et d'avoir dû passer du temps à rattraper une bourde d'un médecin qui avait suscité un tollé. Mais, cela a fait apparaître deux camps, et il n'était pas possible de trouver le consensus sur un message simple.

On ne peut pas reprocher à des médecins d'aller parler. Il n'est bien évidemment pas question de contrôler leur parole et de restreindre leur liberté, mais rien n'interdit de se poser deux questions : est-ce que cela a été fait le plus utilement pour éclairer la population ? est-ce que cela n'a pas affaibli la crédibilité médicale et scientifique ?

Il y a un fort contraste entre la démarche collégiale et contradictoire qui permet d'élaborer des recommandations et la profusion des réponses au tac au tac faites sur tous les sujets. Dans les hôpitaux, on voyait des médecins produire une expertise, limitée à leur champ précis d'expertise ; sur les plateaux on voyait les mêmes être en même temps virologue, épidémiologiste, réanimateur, pharmacologue, hygiéniste et parfois même décideur politique.

Ce sujet mérite réflexion. Il serait bon qu'entre médecins, média et citoyens, il puisse y avoir un retour d'expérience spécifique, avec deux enjeux : donner de l'information fiable, validée et cohérente avec le travail collégial réalisé ; permettre aux voix dissonantes de s'exprimer, parce qu'elles peuvent parfois avoir raison avant ou contre les autres. Mais éviter de mettre sur le même plan toutes les opinions. Aucune expression n'est interdite, ce qui n'en fait pas obligatoirement une « opinion autorisée ».

Mais le phénomène le plus spectaculaire est la naissance de ce qu'on pourrait qualifier de populisme scientifique et du populisme médical. C'est la première fois qu'il y a une telle jonction entre le populisme politique et cette forme de populisme scientifique.

Avec les mêmes ressorts, les mêmes ingrédients.

Mais permettez-moi de faire un détour par une révélation scientifique absolument spectaculaire, de vous annoncer un scoop susceptible de révolutionner la médecine et la science. J'espère que vous êtes bien assis. Car vous risquez de tomber de votre chaise, tellement cette nouvelle est extraordinaire.

Allez, je ne fais pas durer le suspense plus longtemps : remplir un formulaire en ligne protège du Covid-19. Le formulaire en ligne est un médicament formidable. Il a un coût proche de zéro. Il n'engraisse aucun laboratoire pharmaceutique. Il n'est pas protégé par un brevet. Autant de gages de respectabilité pour un médicament miracle.

Pourtant, je sens poindre un certain scepticisme. Comment ? un simple formulaire, en ligne qui plus est, pourrait protéger d'un des virus les plus redoutables du siècle ? Cela ne paraît pas complètement intuitif. Vous attendez des preuves, une démonstration, un résultat expérimental.

Eh bien, je vais vous les fournir. 60000 patients atteints de Covid (pour une grande part avec un test PCR positif, pour les autres avec les symptômes du Covid) ont été inscrits sur une plateforme appelée Covidom. À ces 60000 patients, il a été demandé de répondre chaque jour à un questionnaire en ligne (Avez-vous de la fièvre ? Toussez-vous ? Quelle est votre fréquence respiratoire ? Quelle est votre fréquence cardiaque ?). Or sur ces 60 000 patients, environ 500, soit moins de 1 % ont nécessité le déclenchement du SAMU et moins de 900 ont été hospitalisés entre la mi-mars et la fin du mois de juin. Donc, environ 98 % d'entre eux ont guéri spontanément. Spontanément ? c'est vite dit. 98 % ont guéri parce qu'ils ont rempli un questionnaire en ligne. CQFD. Remplir un questionnaire en ligne protège des formes graves du Covid.

À ce stade de la lecture, vous vous dites que l'auteur de ces lignes est fou, ou qu'il se moque de vous. Les plus vieux d'entre vous doivent penser au professeur Benveniste qui après avoir pensé démontrer la mémoire de l'eau avait affirmé que les effets des médicaments pouvaient se transmettre par internet.

C'est pourtant assez proche du raisonnement selon lequel quand une centaine de patients sont atteints du Covid et prennent un médicament, la grande majorité d'entre eux vont guérir.

Oui, bien heureusement, la grande majorité des patients atteints du Covid en sont guéris. Spontanément pour ceux qui n'ont pas été hospitalisés. Dans notre cohorte, c'est le cas de 98 % des patients.

Trêve de plaisanterie. Il ne viendrait à l'idée de personne de prétendre que remplir un questionnaire permet de tuer un virus. Et bien évidemment, ce que nous observons est le cours naturel de la maladie dans la grande majorité des cas.

Mais, quand l'un des arguments en faveur de la chloroquine était un taux de guérison de 90 % dans une cohorte de patients, sans qu'on sache quelles étaient les caractéristiques de ces patients et à qui on les comparait, on n'était pas loin de faire le même raisonnement. Certes, il était ajouté que la charge virale diminuait chez ces patients et que des analyses avaient été réalisées. Mais, il est sûr que la charge virale diminuait aussi chez la plupart des patients suivis à distance à leur domicile, grâce à l'application Covidom.

Qu'est-ce que le populisme scientifique ? C'est d'abord une manière de tenter de séduire les foules en détournant le rationnel scientifique pour les emmener sur le chemin de l'indémontrable.

Karl Popper, le grand épistémologue du XXe siècle avait proposé une définition très solide de la théorie scientifique. Une théorie est scientifique quand elle est réfutable, c'est-à-dire qu'on peut montrer les limites de cette théorie et connaître les contre-exemples qui valident son champ d'application. En revanche, une théorie qui semble absolue n'est pas scientifique. L'existence de Dieu n'est pas scientifique parce que personne ne peut la réfuter et prouver la non-existence de Dieu.

C'est ensuite un peu de théorie du complot. Face à un phénomène qu'on ne sait pas expliquer, on laisse à penser qu'il y a une volonté humaine cachée. Si la vérité vous échappe, ce n'est pas parce qu'on ne la connaît pas, mais c'est parce qu'elle existe et qu'on veut vous la cacher.

On ne sait pas comment a émergé ce virus ? justement, il s'est échappé d'un laboratoire. La preuve, il existe un laboratoire P4 à Wuhan. Des scientifiques ne pensent pas la chloroquine efficace ? c'est parce qu'ils sont payés par les grands laboratoires pharmaceutiques pour dire que cela ne marche pas.

Le populisme scientifique consiste aussi à se victimiser, ce qui est le degré suivant dans l'élaboration de la théorie du complot. Il y a non seulement un complot général, mais il y a en plus un complot particulier contre celui qui ose dire « la vérité qui dérange ». Ceci est redoutablement efficace. Au lieu de permettre la réfutation (celle dont Popper nous rappelle qu'elle est la condition de la théorie scientifique), elle induit le renforcement automatique. La preuve que j'ai raison ? C'est qu'ils me critiquent. Toute critique devient un argument supplémentaire. Et d'ailleurs, cela accrédite la thèse. Il suffit d'annoncer les critiques à venir.

Si elles ne se produisent pas, on a un boulevard sans contradicteurs. Si elles se produisent, c'est la preuve que vous aviez raison puisque vous aviez prévu ces critiques et même expliqué avant qu'elles n'interviennent pourquoi elles émergeraient : je les dérange, donc je dis vrai !

Le populisme scientifique, ce n'est pas convaincre qu'on a raison contre tous avec des arguments, mais prétendre qu'on a raison, avec comme principal argument qu'on est seul contre tous. Ce n'est pas démonter consciencieusement les risques de la pensée endogamique – risques réels dans un système clos –, c'est inventer sa propre différenciation fictive de ce milieu endogamique. Ils sont aveugles parce qu'ils appartiennent à une caste. Je sors de la caste, le temps de dénoncer leur aveuglement.

Le populisme scientifique a besoin du peuple. Donc, cela donne la science par pétitions. Les pétitions peuvent avoir du bon dans beaucoup de domaines, y compris dans le domaine de la santé. Notamment pour faire écho à une préoccupation qui ne perce pas par les canaux habituels. Mais voir des médecins réputés, y compris un ancien ministre de la Santé, susciter une pétition pour modifier les règles de prescription d'un médicament, cela revient à dire qu'on donnerait les autorisations de mise sur le marché en fonction du nombre de « like » sur une molécule, faisant fi des conditions drastiques d'évaluation, imposées par des précédents douloureux.

Cette intrusion du populisme dans la science est d'autant plus troublante que la science constitue habituellement, en elle-même non seulement un domaine indemne de ce phénomène, mais un rempart contre le populisme.

Les politiciens populistes se sont donc délectés des scientificiens populistes. Je m'autorise ce néologisme. Parce que, de même que le terme de « politicien » a été créé pour exprimer une différence entre le personnage politique qui sert la politique et celui qui se sert de la politique, nous sommes peut-être à l'orée de la percée d'une vision « scientificienne » de la science.

Jusqu'à présent les politiques créaient des comités constitués de scientifiques pour renforcer leur crédibilité. Choisiront-ils des scientificiens pour renforcer leur popularité et leur crédibilité dans l'adhésion aux rumeurs et aux pensées irrationnelles ?

Didier Raoult a incarné avec un talent remarquable que nul ne peut lui contester ce concept.

On vous prête de représenter la quintessence de l'élitisme hospitalo-universitaire ? On attaque les autres hospitalo-universitaires pour s'en différencier. Met-on en cause la méthodologie employée et l'absence de transparence dans les données utilisées ? On exhibe les étapes de sa carrière, si cela légitime sa position. D'où le besoin d'étaler avec force ses titres et travaux.

On peut ainsi bénéficier de tous les financements possibles dans le système public, mais reprocher aux autres d'avoir bénéficié de ses financements. Pour l'un, c'est la preuve du génie. Pour les autres, c'est la démonstration de la servilité aux pouvoirs en place.

Avoir des partenariats industriels ? Pour l'un, c'était pour amener les industriels vers le bien. Pour les autres c'était pour se faire corrompre.

Il reçoit le président de la République : c'est pour l'éclairer. Les autres, quand ils fréquentent le président de la République, c'est pour se faire éblouir.

À cela s'ajoute le complotisme version sophiste : le médicament promu ne vaut pas cher. D'autres sont onéreux. Tous ceux qui testent les médicaments chers sont forcément vendus à l'industrie pharmaceutique.

Et bien évidemment, l'aplomb : les autres experts n'ont pas vu venir le risque. Ils sont aveugles. Lui a dit que ce n'était pas grave, qu'il n'y aurait pas de pandémie... Ce n'est pas une erreur, c'est une prédiction qui se serait vérifiée, si on l'avait écouté et si on n'avait pas fait obstacle à l'utilisation généralisée de la chloroquine.

Qu'il y ait des grandes figures capables de proclamer des hypothèses sur le ton de la certitude, cela est souvent le cas. Que des scientifiques reconnus deviennent sur le tard adeptes de théories fumeuses, ce n'est pas la première fois. Rappelons-nous Luc Montagnier, Prix Nobel de médecine pour avoir participé à la découverte du virus du SIDA et proclamant haut et fort qu'il pouvait soigner la maladie de Parkinson du pape Jean Paul II avec des gélules de papaye.

Ce qui est plus rare, c'est qu'un personnage et une théorie prennent une telle ampleur dans le débat public et un impact si fort sur le réel.

Il n'y a pas eu, à notre connaissance, une ruée sur la papaye, lorsque Montagnier a expliqué dans *Paris Match* comment il allait soigner le pape. Il y a des personnes qui ont bravé les interdits du confinement pour aller de Normandie jusqu'à Marseille pour espérer trouver de la chloroquine…

Il y a des essais cliniques qui n'ont pas pu avancer assez vite à cause du refus des patients dès lors qu'on ne leur donnait pas de chloroquine.

Ce phénomène est probablement du même ordre que le mouvement antivaccinal. Une méfiance vis-à-vis des autorités, qu'elles soient politiques, administratives, scientifiques ou médicales. La théorie du complot. On nous cache des effets secondaires massifs. Il y a des intérêts financiers colossaux en jeu. Il y a un complexe industrialo-politique qui défend les mêmes intérêts privés. Et tout cela sur le dos de la population.

Mais, c'est là que le paradoxe devient intéressant, on a également vu poindre des tendances qui vont dans un sens totalement contraire.

Cette crise a, sans qu'on le remarque trop, a peut-être fait franchir un pas considérable à la « démocratie sanitaire ».

La démocratie sanitaire est un concept né dans les années 1990, justement à l'occasion des grandes crises : le sang contaminé notamment, de sinistre mémoire, où, après avoir vu des spécialistes se fourvoyer, l'on s'est dit que le meilleur rempart contre la crise pouvait être le patient. Si les spécialistes restaient entre eux, ils risquaient de ne pas prendre les mêmes décisions. Introduire les patients dans le processus de décision, permettait de garantir la prise en compte de leur intérêt premier.

La démocratie sanitaire a été dopée par les années SIDA, avec l'intervention d'associations militantes, faites de non professionnels de santé, qui ont joué un rôle très actif, pour bousculer les pouvoirs publics, les institutions, les politiques, les chercheurs. Ce sont Act Up, Aides, TRT5 et quelques autres associations qui ont eu une influence considérable : elles ont poussé à des mesures plus strictes, provoqué des programmes de recherche, sensibilisé l'opinion publique, conquis leur propre légitimité dans les cercles de discussion, puis obtenu des places dans les instances et les organismes officiels.

Cette période est très importante et il n'est pas neutre à cet égard que Jean-François Delfraissy, président du conseil scientifique Covid, qui a été très impliqué dans cette période des années SIDA, très convaincu de l'importance des associations et de leur légitimité, se soit efforcé de plaider pour l'implication de la société civile dans le processus de décision.

Dans les années post-sang contaminé, la démocratie sanitaire s'est traduite par une loi très importante, en 2002, la loi « droit des malades » portée par Bernard Kouchner, conçue et pensée par son « complice » et directeur de cabinet Didier Tabuteau. Elle oblige à informer le patient, à lui donner accès à son dossier médical, à le traiter comme un acteur et non pas comme un… patient soumis.

La démocratie sanitaire connaîtra ensuite une certaine stagnation, peut-être avec une petite tendance à l'« embourgeoisement » précoce, une institutionnalisation trop marquée, un retour des professionnels de la représentation prenant parfois la place de ceux qui s'exprimaient d'abord à partir de leur propre expérience vécue. Mais aussi parce qu'après avoir franchi les premiers pas, les autorités sanitaires ont marqué une certaine timidité dans l'ouverture d'espaces de représentation des patients. Par exemple, il n'y a pas de patients dans les instances les plus décisionnelles de l'hôpital, même si nous avons décidé à l'AP-HP d'en faire entrer un à notre directoire et que cela a été acté dans le Ségur.

Mais pendant cette crise il s'est passé quelque chose d'inédit : la différence de savoir entre les experts et le grand public était ténue. Classiquement, lorsqu'on fait face à un problème sanitaire, à une maladie, il y a des sachants et des ignorants. Quand surgit une alerte à cause de listeria dans les aliments, il y a des spécialistes qui ont étudié cette bactérie depuis des décennies. Quand il y a eu la crise de la vache folle, il y a eu des experts qui travaillaient depuis des années sur le prion, ce nouvel agent infectieux déjà responsable de quelques autres affections rarissimes. Quand on parle du cancer, il y a d'éminents spécialistes. Cela ne veut pas dire que ces spécialistes ont forcément et toujours raison, qu'ils sont complètement lucides, qu'ils préconisent les bonnes décisions, mais cela signifie que leurs interventions se fondent sur un savoir scientifiquement constitué et nettement différent du savoir du reste de la population. À l'inverse, cela ne veut pas dire que le reste de la population n'est pas légitime à avoir, dans ces cas-là, un avis sur les risques, et sur les moyens de les conjurer, mais que cela repose plus sur leur capacité à questionner le raisonnement des experts qu'à partager un savoir.

Dans le cas du Covid, le phénomène a été radicalement différent. Le niveau de savoir entre les experts et la population générale était très semblable, très voisin. Ou, plus exactement, le niveau d'ignorance était pratiquement le même. Je ne dis pas cela pour dénigrer les experts. Et mon propos est probablement un peu simplificateur, mais il n'est pas faux de dire que tout le monde a été pris de court, pris au dépourvu, désarconné par le comportement du virus.

On le voit dans ce qui a été dit au fur et à mesure de la crise. Oui, on a cru qu'il touchait principalement les personnes âgées. Oui, on a cru qu'il n'était contagieux que dans les vingt-quatre heures précédant les signes cliniques. Et il y a beaucoup de choses qu'on ne sait pas : sa saisonnalité, sa résistance, l'immunité qu'il suscite et même ses modes précis de contamination par exemple.

Ceci a rendu les experts hésitants sur les recommandations, à la fois vis-à-vis des gouvernants que vis-à-vis de la population générale.

Qui plus est, dans le cas du Covid, voisin des virus de la même famille, mais quand même différent, on peut penser que les connaissances étaient un peu handicapantes. Ceux qui avaient des connaissances sur la virologie en général, sur les coronavirus en particulier, avaient tendance, ce qui est naturel et ce qui est ce qu'on leur demande, à raisonner par rapport à leur expérience passée et à leurs connaissances accumulées.

Mais là visiblement, le virus s'est révélé différent et le raisonnement par analogie, même construit, en a été un peu déstabilisé.

L'immense majorité de la population, elle, avait une expérience moins savante et plus commune. Le même bon sens que d'habitude, mais qui ne s'opposait pas à une montagne de connaissances.

C'est ainsi que, et on peut le voir dans nos entourages ou sur les réseaux sociaux les « gens » ont évoqué le lavage des mains, le port du masque avant les experts. Et pendant toute la crise on a vu des questions être posées, des suggestions être faites, des comportements être adoptés parfois en avance de phase sur les dires d'experts ou sur les recommandations des autorités sanitaires. Souvent, ce sont les experts qui préconisent le principe de précaution pour l'imposer à la population, là ce sont davantage les citoyens qui ont cherché la précaution face à la prudence des experts à formuler des recommandations. La question du masque en est une illustration frappante. Il a fallu longtemps pour que le port d'un masque dit artisanal soit légitimé comme pertinent, alors que la pertinence en avait été perçue par une grande partie de la population bien plus tôt.

Je me souviendrai toujours de ce CHSCT où c'est un membre de la CGT, Jacky Maillet, qui s'est préoccupé de ce qui se passerait dans les services de gériatrie et dans les hôpitaux pour personnes âgées, avant que nos experts ne nous recommandent quoi que ce soit.

Il s'est donc passé quelque chose d'inédit, dans ce domaine-là aussi. Les puristes récuseraient le fait qu'il s'agisse de démocratie sanitaire. Mais je pense qu'ils auraient tort de ne pas s'intéresser à ce phénomène. Pendant des semaines, l'ignorance et l'expertise ont été les deux choses les plus partagées au monde, dans un univers si incertain et dans la première crise sanitaire d'ampleur à l'heure des réseaux sociaux.

Comment faire en sorte que cela soit la démocratie sanitaire qui progresse et non pas le populisme scientifique qui se propage ?

Il faut renouer avec une science plus citoyenne : faire des conférences, de la vulgarisation, de la science mais en touchant le public le plus sceptique.

Il faut assurer l'indépendance entre la communauté scientifique et médicale et l'industrie. Ce problème majeur, bien connu. On tourne autour depuis des années, mais sans être capable de le résoudre complètement et ceci pour deux raisons principales : d'une part, le besoin de relations étroites pour être efficace ; d'autre part, le refus de financer avec de l'argent public les experts, les médecins, les chercheurs. On contrôle, mais on ne coupe pas. On régule mais on ne se substitue pas.

Il faut probablement repenser une déontologie moderne, associant les citoyens et les experts, se penchant sur les questions de communication, sur la médiatisation de la science, sur les conditions d'objectivité et sur la place du contradictoire, sur la véracité des sources. Il y a sur ce sujet, autant que sur le fonctionnement des hôpitaux un véritable « retex » (retour d'expérience) à faire et de la science à produire.

Chapitre 2

Conquérir l'indépendance européenne

On a découvert, redécouvert ou mis à nu, comme on préfère, l'extraordinaire dépendance de l'industrie française et européenne : pour les tests, pour les masques, pour les médicaments et pour une grande partie du matériel médical.

Il se trouve qu'il y a quelques années, dans un cadre tout autre, j'avais beaucoup travaillé sur cette question[1]. Le point de départ était les montures de lunettes, qui étaient à 90 % importées de Chine et d'Inde. Nous nous étions demandé si on pouvait produire des montures en France sans en faire exploser le prix pour le consommateur. La réponse était clairement oui, malgré les coûts de main-d'œuvre. Certes, le

1. Voir, *Cela devient cher d'être pauvre*, Stock, 2013.

coût en sortie d'usine variait du simple au double entre la Chine et la France. Mais ce coût ne représentait qu'une fraction faible du coût final des montures. Le coût en sortie d'usine était de 10 euros en Chine et de 20 euros en France. Mais le coût de vente était voisin de 150 euros pour les premières, de 200 euros pour les secondes. L'explication était qu'il existe des intermédiaires qui prennent une marge avec un facteur multiplicatif : 20 x 3 x 3 = 180 euros ; 10 x 3 x 3 = 90 euros. L'écart initial, à la sortie des usines, qui s'explique principalement par les différentiels de coût de main-d'œuvre devenait de 90 euros pour le consommateur. Et ces mécanismes excluaient les fabrications françaises du marché.

Nous avions, avec le Boston Consulting Group, poursuivi l'étude sur de nombreux produits et vu que cela était vrai pour beaucoup d'autres.

On pense toujours que c'est le coût de main-d'œuvre qui est prohibitif. Mais il est rare qu'il représente une part importante du coût final d'un produit.

Ce qui est vrai pour les montures de lunettes est vrai également pour les masques et pour certains matériels. C'est plus compliqué pour les médicaments, avec notamment une question de matières premières complexes.

Mais penser qu'on a été pendant de très très longues semaines en manque de masques parce que notre pays et notre continent ne pouvait pas en produire à hauteur des besoins reste difficilement compréhensible. Si on se donnait les moyens d'en produire, on aurait moins besoin d'en stocker, de gérer des stocks avec des dates de péremption

Un pays sans usine, qui était le concept à la mode il y a quelques années est sans doute une ânerie. Et ce qui est extraordinaire, c'est que l'Europe n'a jamais mis dans ses objectifs l'indépendance stratégique industrielle. N'est-ce pas le moment ?

Cela ne veut pas dire renouer avec la vieille lune du protectionnisme. Le protectionnisme est un aveu de faiblesse économique. L'économie est moins compétitive ? Plutôt que de la rendre compétitive, on ferme les frontières ! Et à force, cette économie artificiellement protégée devient de moins en moins compétitive et la fermeture des frontières ne se traduit pas par le renforcement de l'industrie mais la création de pénuries. Le signe le plus visible du protectionnisme est souvent la devanture vide des magasins et les files d'attente. Le signe le plus invisible mais le plus fort, c'est le marché noir, car il y a toujours moyen pour les plus riches ou les plus débrouillards de contourner les interdictions d'importer.

Assurer son indépendance et faire du protectionnisme, ce n'est pas pareil. Il ne s'agit pas d'arrêter les magnétoscopes à Poitiers, comme cela fut fait en 1983 pour empêcher l'envahissement du marché par la technologie japonaise, mais de considérer que l'on peut avoir les moyens de survivre dans des conditions où les transactions internationales sont interrompues, ce qui peut être le cas pour des raisons sanitaires – comme lors de la crise du Covid – pour des raisons diplomatiques, politiques ou même terroristes.

Un pays qui sait fabriquer des avions Rafale doit bien être capable de fabriquer des masques ! Il le fait déjà d'ailleurs avec une production de 4 millions de masques par mois. Admettons que les masques fabriqués en France soient deux fois plus chers que les masques fabriqués en Chine, sachant qu'un masque vaut – hors période de spéculation liée à la crise – environ 10 centimes, nous ne nous ruinerions pas en les payant deux fois plus cher. Et l'on pourrait considérer que les hôpitaux auraient l'obligation de se fournir chez des fournisseurs européens, dans un esprit d'indépendance stratégique.

Il y a donc là, à l'échelle européenne, un enjeu formidable à assurer l'indépendance et la souveraineté.

C'est un ensemble de matériels avec une idée simple : les systèmes sanitaires européens doivent pouvoir fonctionner même coupés de l'Asie et de l'Amérique. Le marché européen est suffisamment vaste pour qu'il soit possible de poser ces conditions à l'ensemble des industriels de santé, qu'il s'agisse de ceux qui fabriquent du matériel de protection, du matériel médical ou des médicaments.

Encore une fois, il ne s'agit pas de protectionnisme : il serait même logique que l'Organisation mondiale de la santé elle-même recommande que chaque grand ensemble géographique assure son autosuffisance ou son indépendance.

Ce concept devrait évidemment être élargi aux données de santé, qui jouent un rôle clé. Comment concevoir la souveraineté si les données de santé peuvent dépendre de l'économie d'un autre pays, sur un autre continent, obéissant à ses propres régulations ? C'est le sujet de l'hébergement des données de santé sur le « cloud », sujet qui a émergé ces derniers mois et qui mérite d'être revu à la lumière de cette crise.

L'Europe a montré, dans la foulée de la crise, qu'elle pouvait faire preuve de solidarité avec le grand plan de relance. Il y a avec la reconquête de la souveraineté sanitaire, un magnifique enjeu, susceptible de donner de nouvelles raisons de s'enthousiasmer pour la construction européenne.

Chapitre 3

La réserve citoyenne et la mobilisation des citoyens

Outre le matériel, le facteur clé est le facteur humain pour affronter une crise de cette nature : disposer de suffisamment de personnes compétentes pour faire face à l'afflux des patients.

Cela a été l'un des facteurs critiques dans nos hôpitaux. Rappelons qu'à l'AP-HP, nous sommes entrés dans la crise dans les pires conditions de ce point de vue : le nombre de postes vacants d'infirmières mais aussi d'autres professions clés comme les manipulateurs radio n'avait jamais été aussi élevé avec près de 1 000 postes vacants ; 10 % de nos lits de soins critiques étaient fermés faute de personnel !

Nous avons dû faire appel à de nombreux renforts. Avec des difficultés.

À la fin du mois de février, nous avons écrit et téléphoné à tous ceux qui étaient partis à la retraite depuis moins de cinq ans. Mais cela a donné peu de résultats. À peine 3 % des appelés ont accepté de retrouver l'hôpital. C'était avant l'apogée de la crise et la sensibilité au besoin était moins forte.

Nous avons ensuite appelé la réserve sanitaire constituée. Mais, peu de renforts nous ont été envoyés.

À la mi-mars, l'agence régionale de santé, sous l'impulsion d'Aurélien Rousseau, a mis en place, en lien avec nous, une plateforme appelée « renfort-Covid » où les professionnels pouvaient s'inscrire. Là, le succès a été immédiat. En quarante-huit heures, plus de 10 000 personnes étaient inscrites. Au total, environ 30 000 volontaires ont proposé leurs services. Mais entre l'inscription et l'opérationnalité, il y a un grand pas à franchir. Notre besoin le plus urgent était celui des infirmières compétentes en réanimation. Mais nous avions aussi une multitude de besoins plus spécialisés.

Difficile de trouver les profils précis qui pouvaient nous être utiles à partir d'inscriptions, aussi nombreuses. Nous avons donc créé la « plateforme de la plateforme », avec des centaines de volontaires dont le travail consistait à appeler, jour et nuit, celles et ceux qui s'étaient inscrits pour vérifier leurs compétences, leurs diplômes, leur disponibilité. Parmi les 10 000 inscrits, nous avons trouvé environ 125 infirmières de réanimation susceptibles de pouvoir rejoindre nos hôpitaux. Puis, progressivement, à mesure que nos besoins étaient à la fois mieux cernés et plus importants, nous avons pu puiser des milliers de volontaires.

Mais les renforts les plus importants sur lesquels nous avons pu compter sont les étudiants en santé : élèves infirmiers, élèves médecins, élèves dentistes, des promotions entières ont été mobilisées : plusieurs milliers qui ont joué un rôle majeur.

Outre les difficultés de trouver les bons renforts parmi toutes les bonnes volontés, il faut aussi savoir les intégrer. Cela a pris quelques jours. Les équipes hospitalières, tellement engluées dans la difficulté de l'urgence, n'avaient pas le temps de pouvoir accueillir, affecter, intégrer les recrues que nous repérions sur les plateformes. Nous avons dû, en partie avec des volontaires, mettre en place des équipes entières auprès de chaque hôpital, pour les seconder et permettre l'intégration des volontaires.

Des programmes entiers ont vu le jour grâce à ce volontariat. Covidom, l'application qui a permis de suivre plus de 70 000 patients à domicile, évitant des dizaines de milliers de passages aux urgences, n'a pu exister que grâce à la mobilisation de centaines de volontaires, assurant sept jours sur sept les permanences et les appels. Le programme Covisan destiné à casser les chaînes de transmission a pu en quelques jours compter sur près de 1 000 volontaires. On ne les remerciera jamais assez, avec une mention spéciale pour des renforts inattendus : les hôtesses de l'air, stewards, chefs de cabine d'air France et d'autres compagnies aériennes, dont les avions étaient cloués au sol et qui sont venus prêter main-forte.

Tout cela illustre l'intérêt d'une réserve structurée. La réserve, un vieux concept de l'armée, réactivé ces dernières années, notamment après les attentats.

Il serait indispensable de constituer une véritable réserve opérationnelle, d'ampleur, plus facilement mobilisable.

Deux choix s'offrent à nous :

Le premier est de rester sur une réserve volontaire et largement bénévole. Ceci suppose cependant de l'entretenir, de mobiliser régulièrement les réservistes, même hors période de crise, de les former, de s'assurer de leur disponibilité et d'avoir des moyens importants pour procéder à la mobilisation rapide.

La deuxième solution est de « professionnaliser » la réserve, ou du moins d'avoir un plus fort engagement des réservistes : il est d'abord possible de demander un véritable engagement aux réservistes, avec un contrat de réserviste prévoyant une indemnité pour faire partie de la réserve, en contrepartie d'une obligation de disponibilité dans les crises.

Dans tous les cas, il faut faire en sorte que la gestion de cette réserve soit repensée, comme un élément central de nos réponses aux crises et non pas comme un élément accessoire.

C'est un véritable projet de société, dans lequel une grande partie de la population participe à l'effort de la nation, entretient ses compétences, assume une responsabilité et concourt aux crises. Mais cela suppose que les services publics, les collectivités intègrent aussi la réserve comme un élément structurant de leur réponse aux crises et se préoccupent de pouvoir « entretenir » cette réserve, de la former, lui donner un vrai rôle et une place permanente.

Une réserve opérationnelle d'ampleur ne serait pas uniquement utile pour le Covid, ni même pour les crises sanitaires, mais pour pouvoir adapter en permanence les réponses des grands services publics aux problématiques qui surgissent.

C'est le sens de l'histoire, après la création du service civique en 2010 – et l'engagement effectif de 100 000 jeunes chaque année – après le début de la réserve après les attentats de 2015 et après la formidable mobilisation qui s'est faite lors de la crise du Covid.

Chapitre 4

Les bons comptes de Ségur ?

Avant l'irruption de la pandémie, l'hôpital était en crise. Cela ne l'a pas empêché de se mobiliser et de déployer des efforts considérables pour compenser ses faiblesses, en adoptant un fonctionnement adapté à la crise.

Pendant toute cette période, le président de la République et le ministre de la Santé ont assuré qu'ils n'oublieraient pas ce qui avait été accompli et que l'hôpital serait soutenu.

C'est le lancement du Ségur de la santé, le 25 mai, 15 jours après le déconfinement. Une négociation de six semaines avec les représentants de toutes les catégories professionnelles, traduites dans deux accords, l'un pour les médecins, l'autre pour les autres professions présentes à l'hôpital.

Les mesures salariales étaient les plus attendues et sont les plus spectaculaires. Notre pays accusait un retard certain, attesté par les comparaisons internationales. Il se traduisait par des pénuries d'effectifs – qui réduisaient les capacités des hôpitaux, notamment en région parisienne où le coût de la vie est le plus élevé – et par un malaise généralisé.

La crise l'a montré : l'hôpital a besoin de pouvoir s'adapter rapidement, pour ne pas dire instantanément, pour faire face à un afflux de patients. Ceci n'est pas seulement vrai dans le contexte d'une pandémie difficilement prévisible. C'est vrai chaque année, quand surviennent les épidémies hivernales, la grippe pour les adultes, la bronchiolite pour les nourrissons. C'est vrai tous les jours de l'année, face au vieillissement de la population.

Les négociations et les décisions du Ségur représentent une opportunité réellement historique.

Il est toujours hasardeux de qualifier un plan d'historique avant d'avoir le recul de l'histoire et son verdict. Mais on ne se trompe pas en qualifiant le moment d'historique. La crise sanitaire traversée au printemps 2020 est clairement sans précédent : jamais le système de santé n'avait confronté, sur une durée aussi longue, à une tension aussi forte ; jamais notre pays n'avait été conduit à décréter un confinement généralisé et à des mesures aussi restrictives ; depuis un siècle, il n'y avait pas eu une crise aussi aiguë affectant l'ensemble de la planète. Le contexte est clairement « historique » au sens où l'on sait qu'il restera dans les livres d'histoire, qu'il s'agisse d'une crise de grande ampleur, mais isolée, ou qu'il s'agisse de la première d'une série de crises sanitaires mondiales.

La revalorisation des rémunérations des professionnels de l'hôpital est elle-même sans précédent depuis des décennies. Il faut probablement remonter au début des années 1990 quand, après un très long conflit avec les infirmières, celles-ci avaient obtenu une revalorisation de leur métier et de leur salaire (environ 10 % d'augmentation) avec le passage dans la catégorie « A » de la fonction publique. Pendant près de 4 ans – 1470 nuits exactement – des infirmiers et des infirmières se sont relayées dans une tente dressée, en face du ministère, avenue de Ségur. Le gouvernement avait employé les canons à eau contre les manifestants en blouse blanche, accentuant la solidarité de la population avec les soignants. Déjà à cette époque, l'Assistance-publique avait fait face à une pénurie de soignants et faisait venir des centaines d'infirmières espagnoles pour combler les trous dans ses effectifs.

Entre-temps, quatre changements seront intervenus avec des conséquences sur les équilibres hospitaliers.

La réforme Juppé de 1995 avec l'instauration d'objectifs des dépenses d'assurance maladie, votés par le Parlement et ayant un caractère impératif, avec un mécanisme de rattrapage : des mécanismes sont instaurés pour éviter tout « dérapage » des dépenses, soit en baissant les tarifs, soit en gelant une partie du budget, et en ne le débloquant que si la situation financière était maîtrisée.

Au début des années 2000, le passage aux 35 heures dans les hôpitaux, avec donc une baisse d'environ 10 % du temps de travail, non compensée par des embauches à due concurrence. Ceci s'est traduit par une augmentation de la productivité dans les hôpitaux, supérieure à celle qu'ont connue d'autres secteurs. Cela a également conduit à justifier, au moins implicitement, à un freinage, sinon un gel, des salaires, comme si les personnels en gagnant du temps disponible avaient accepté de perdre en pouvoir d'achat.

En 2004, un changement de tarification des hôpitaux avec l'instauration de la tarification à l'activité, perçue à tort ou à raison comme responsable d'une course pour augmenter l'activité.

En 2009, une réforme de l'organisation hospitalière, dont le mot d'ordre célèbre du Président de l'époque était : « Je veux voir un patron à l'hôpital », sous-entendu le directeur et non plus ni le maire – jusqu'à présent président du conseil d'administration – ni les médecins.

Avec cette succession de réformes au cours des vingt-cinq dernières années, le malaise hospitalier a progressivement augmenté. Chacune de ses mesures, prise isolément, aurait pu avoir leur justification : le mode de financement des hôpitaux français n'est pas si différent de celui en vigueur dans beaucoup de pays, sans qu'il soit autant honni ; le niveau des dépenses de santé en France, même s'il est encadré par le Parlement, est voisin de celui de la plupart des pays de l'OCDE ; en revanche, c'est bien par trois facteurs que la France se distingue de la plupart de ses voisins : d'une part, le niveau bas des salaires dans les hôpitaux publics et les faibles perspectives de carrière ouvertes aux professionnels hospitaliers ; d'autre part, une forte rigidité du cadre hospitalier et une prégnance de la réglementation sur les organisations et les conditions de rémunération ; enfin, une coupure plus marquée qu'ailleurs entre l'hôpital et la médecine de ville. Des contraintes fortes sur un système rigide créent obligation des tensions de plus en plus difficiles à supporter.

Pendant la crise, ces contraintes ont été mises entre parenthèses. Nous avons appliqué à la lettre le « quoi qu'il en coûte » formulé par le président de la République. Non pas que nous ayons été dispendieux, mais en agissant pour que le budget ne soit pas un frein à tout ce qui pouvait être indispensable : matériels, équipements, recrutements. Les conditions de rémunération pour les renforts comme les horaires de travail pour les équipes ont été adaptées, en laissant une large marge d'initiative au terrain ; les relations entre les directions et les médecins n'ont plus fonctionné sur le mode d'arbitrages à rendre entre des demandes parfois incompatibles les unes avec les autres, ou de rappel à la réglementation, mais sur un mode de coopération étroite et de facilitation de part et d'autre. Quand nous rencontrions un obstacle règlementaire qui nous semblait aller à l'encontre de l'urgence à laquelle nous devions faire face, soit nous obtenions la levée de l'obstacle dans les vingt-quatre heures, soit nous y dérogions sans attendre. Il n'y avait qu'une contrainte : le virus. Qu'un impératif : sauver des vies. Qu'un double mot d'ordre : vitesse et simplicité.

La plupart de ceux qui ont été impliqués dans le cœur de la crise ont été marqués par cette manière harmonieuse de fonctionner. Il n'y a pas d'un côté des médecins et des soignants qui ont pu enfin travailler selon leur vocation et de l'autre des directeurs et des administratifs qui auraient eu le sentiment de perdre leur pouvoir ou leur contrôle, quoique certains le prétendent, mais une collectivité tout entière qui a pu goûter à un fonctionnement de l'hôpital comme chacun y aspire, quelle que soit la responsabilité exercée. Au-delà de l'hôpital, cette crise a permis à l'AP-HP de nouer des relations beaucoup plus équilibrées avec la médecine de ville, notamment en construisant ensemble un système de suivi à domicile des patients

C'est la signification profonde du mot d'ordre « plus jamais comme avant » qui s'est exprimée tout au long de la crise et l'angoisse du « retour à l'anormal », une fois la pression un peu allégée.

C'est en cela que les décisions prises à l'issue du Ségur peuvent éviter ce retour en arrière si redouté, si redoutable.

En permettant d'augmenter les rémunérations d'environ 10 %, en donnant des marges de liberté plus importantes aux établissements, en leur permettant de revoir les déroulements de carrière des professionnels, en soutenant les investissements, en assouplissant le cadre qui régit l'hôpital, les conclusions de Ségur peuvent répondre en profondeur aux maux de l'hôpital.

Cela suppose, cependant, que nous sachions également tous garder le même état d'esprit que celui qui nous a portés dans la phase aiguë de la crise. Car si l'hôpital avait du mal à fonctionner face à des contraintes salariales, financières, réglementaires fortes, il génère aussi ses propres contraintes et une partie de ses propres maux, ses propres comportements pathogènes.

Du potentiellement historique au réellement historique, il y a donc un pas à franchir qui dépend de la manière dont nous serons capables de saisir la perche tendue pour que l'hôpital fonctionne harmonieusement. La suite du Ségur est largement entre les mains de la communauté hospitalière.

ÉPILOGUE

L'épilogue ne s'écrit pas. Il se prépare. Il se travaille. Il est peut-être contenu dans le titre de l'avis n° 8 du Conseil scientifique COVID-19 rendu le 27 juillet 2020 : « Se préparer maintenant pour anticiper un retour du virus à l'automne. »

Nous sommes toujours face au virus.

Nous avons beaucoup appris pendant le printemps.

Il reste toujours à apprendre et à faire.

Comme Boris Vian fait dire à Colin dans l'*Écume des jours*, à propos du nénuphar : « Il est déjà assez grand, mais enfin, on doit pouvoir en venir à bout. »

REMERCIEMENTS

Merci à l'AP-HP, à toutes celles et tous ceux qui y travaillent. J'ai bien conscience que beaucoup d'entre eux ont vécu une expérience bien plus éprouvante que la mienne. On a beaucoup parlé de première ligne. Ils étaient en avant de la première ligne, comme le fameux « Premier bataillon de choc » quand il s'est agi de libérer la France. Certains l'ont payé de leur vie.

Je sais que le « merci » qui leur tient le plus à cœur tient dans notre capacité à leur permettre de vivre tous les jours leur vocation et de ne pas avoir besoin de crise aussi douloureuse que celle du printemps 2020 pour que l'hôpital puisse bien fonctionner et répondre aux besoins de tous les patients. Je sais combien leur comportement pendant cette crise nous oblige.

Je remercie tous les membres de cette équipe incroyablement soudée avec laquelle j'étais en contact quotidien et permanent pendant toute cette période. On aura compris au fil des pages à quelle folle pression elle a été soumise. Pression des événements d'abord, mais aussi celle que j'ai rajoutée, sans rien leur épargner. Ils avaient déjà toute ma confiance avant la crise. Ils ont outre mon entière confiance, mon immense admiration et mon infinie reconnaissance.

Aucun membre de l'équipe ne m'en voudra d'adresser un clin d'œil particulier à François Crémieux, parce qu'il a incontestablement joué un rôle particulier, quand nous allions aux bouts de nos forces, quand il voyait l'un de nous en difficulté, quand un nouveau problème surgissait, quand il fallait prévoir le coup d'après, quand il fallait égrainer, soir après soir, les informations pas toujours réjouissantes sur lesquelles nous fondions nos décisions.

Je m'en voudrais de ne pas faire un autre clin d'œil, à Abel Rousseau-Cazeneuve, né le 22 mars 2020, et dont j'ai appris la naissance par un SMS - faire part : « Abel est arrivé ce matin, après vingt-quatre heures de travail. C'est un garçon très mignon et doux. Il éclaire ce drôle de printemps qui débute. » Quelques minutes après, son père, Aurélien Rousseau, me demandait par un autre SMS : « Ça tourne comment en chiffres ? » parce qu'il n'y avait pas beaucoup de temps pour savourer les bonnes nouvelles et lui souhaiter la bienvenue dans un monde tourmenté.

Un clin d'œil aussi à Didier Tabuteau, pour ses coups de fil tôt le matin, en période de crise comme en période calme, depuis vingt ans maintenant et pour l'emprunt du titre du dernier chapitre « Les bons comptes du Ségur », à son ouvrage *Les contes de Ségur*, qui n'est certainement pas étranger au choix du terme « les accords de Ségur ».

Merci à tous ceux qui ont incarné cet incroyable mouvement de solidarité. Les renforts, les donateurs, les entreprises comme les particuliers, les volontaires, les bénévoles, les encourageurs. Ils ont joué un rôle considérable et ont contribué à modifier le cours des choses.

Merci aux proches des patients d'avoir compris les contraintes drastiques qui étaient les nôtres, pour la protection de tous, avec notamment cette cruelle mais inévitable limitation des visites. Nous savons combien cela a pu rajouter de la douleur à la douleur.

Merci à Manuel Carcassonne de sa confiance renouvelée. Il m'avait suggéré de prendre des notes. Je n'avais pas le temps mais, à cause ou grâce à lui, j'ai pris, presque chaque soir, les quelques minutes pour m'enregistrer.

Ce faisant, j'avais l'impression pendant ce court temps d'enregistrement de garder le contact avec le monde extérieur. Je ne parlais plus à un appareil enregistreur, mais à tous ceux dont j'étais coupé, dont je n'avais plus de nouvelles ou auxquels je n'avais pas le temps d'en donner. Mon lien social, pendant cette crise, au-delà de la sphère professionnelle, se résumait à ces quelques minutes fiévreuses où je m'efforçais de garder trace de ces longues journées haletantes.

Merci à Hélène Vaultier qui a décrypté ces enregistrements que je n'avais jamais écoutés. Elle a, en quarante-huit heures, vécu deux mois de crise, avec ses silences, ses répétitions, ses incohérences, ses onomatopées.

Merci à Émilie Pointereau qui a accepté d'éditer ce manuscrit, tout en sachant à quoi elle s'exposait. Elle savait que les délais étaient impossibles et que jusqu'à la dernière minute, elle ne serait pas assurée d'avoir un texte entre les mains.

Merci à Florence Noiville d'avoir été là, sans jamais flancher.

Cet ouvrage a été composé
par PCA
et achevé d'imprimer en France
par CPI BRODARD & TAUPIN (72200 La Flèche)
pour le compte des Éditions Stock
21, rue du Montparnasse, 75006 Paris
en août 2020

PAPIER À BASE DE FIBRES CERTIFIÉES

Stock s'engage pour l'environnement en réduisant l'empreinte carbone de ses livres. Celle de cet exemplaire est de :
450 g éq. CO_2
Rendez-vous sur www.editions-stock-durable.fr

Imprimé en France

Dépôt légal : août 2020
N° d'édition : 01 - N° d'impression : 3039880
87-07-2029/7